"十四五"时期国家重点出版物出版专项规划项目

环境催化与污染控制系列

二茂铁催化非均相 Fenton 反应原理与应用

田森林　李英杰　王　倩　著

科 学 出 版 社

北 京

内 容 简 介

本书面向铁基环境催化领域，详细论证二茂铁作为 Fenton 体系催化剂的可行性，构建以二茂铁为核心的非均相 Fenton 氧化体系，着重探讨该 Fenton 体系氧化降解废水中典型有机污染物的作用过程和机制以及废水中主要溶解性组分对其降解效率的影响，详细研究其对印染废水和含酚废水的处理效果，并分析该氧化技术用于有机废水的处理前景。

本书可供高等院校环境类、材料类、化工类等专业的本科生和研究生学习、参考，还可供从事环境催化污染修复控制的研究人员、技术人员参阅。

图书在版编目(CIP)数据

二茂铁催化非均相 Fenton 反应原理与应用 / 田森林，李英杰，王倩著. —北京：科学出版社，2022.7

（环境催化与污染控制系列）

"十四五"时期国家重点出版物出版专项规划项目

ISBN 978-7-03-066268-2

Ⅰ. ①二… Ⅱ. ①田… ②李… ③王… Ⅲ. ①二茂铁–非均相反应–有机物降解 Ⅳ. ①X703

中国版本图书馆 CIP 数据核字 (2020) 第 184625 号

责任编辑：肖慧敏 李小锐 / 责任校对：彭 映
责任印制：罗 科 / 封面设计：东方人华平面设计部

科 学 出 版 社 出版

北京东黄城根北街16号
邮政编码：100717
http://www.sciencep.com

成都锦瑞印刷有限责任公司印刷

科学出版社发行 各地新华书店经销

*

2022 年 7 月第 一 版 开本：787×1092 1/16
2022 年 7 月第一次印刷 印张：9
字数：214 000

定价：108.00 元

（如有印装质量问题，我社负责调换）

"环境催化与污染控制系列"编委会

序

　　环境污染问题与我国生态文明建设战略实施息息相关，如何有效控制和消减大气、水体和土壤等中的污染事关我国可持续发展和保障人民健康的关键问题。2013 年以来，国家相关部门针对经济发展过程中出现的各类污染问题陆续出台了"大气十条""水十条""土十条"等措施，制定了大气、水、土壤三大污染防治行动计划的施工图。2022 年 5 月，国务院发布了《新污染物治理行动方案》，提出要强化对持久性有机污染物、内分泌干扰物、抗生素等新污染物的治理。大气污染、水污染、土壤污染以及固体废弃物污染的治理技术成为生态环境保护工作的重中之重。

　　在众多污染物消减和治理技术中，将污染物催化转化成无害物质或可以回收利用的环境催化技术具有尤其重要的地位，一直备受国内外的关注。环境催化是一门实践性极强的学科，其最终目标是解决生产和生活中存在的实际污染问题。从应用的角度，目前对污染物催化转化的研究主要集中在两个方面：一是从工业废气、机动车尾气等中去除对大气污染具有重要影响的无机气体污染物(如氮氧化合物，二氧化硫等)和有机挥发性污染物（VOCs）；二是工农业废水、生活用水等水中污染物的催化转化去除，以实现水的达标排放或回收利用。尽管它们在反应介质、反应条件、研究手段等方面千差万别，但同时也面临一些共同的科学和技术问题，比如：如何提高催化剂的效率、如何延长催化剂的使用寿命、如何实现污染物的资源化利用、如何更明确地阐明催化机理并用于指导催化剂的合成和使用、如何在复合污染条件下实现高效的催化转化等。近年来，针对这些共性问题，科技部和国家自然科学基金委在环境催化科学与技术领域进行了布局，先后批准了一系列重大和重点研究计划和项目，污染防治所用的新型催化剂技术也被列入 2018 年国家政策重点支持的高新技术领域名单。在这些项目的支持下，我国污染控制环境催化的研究近年来取得了丰硕的成果，目前已到了总结和提炼的时候。为此，我们组织编写"环境催化与污染控制系列"，对环境催化在基础研究及其应用过程中的系列关键问题进行系统地、深入地总结和梳理，以集中展示我国科学家在环境催化领域的优秀成果，更重要的是通过整理、凝练和升华，提升我国在污染治理方面的研究水平和技术创新，以应对新的科技挑战和国际竞争。

　　内容上，本系列不追求囊括环境催化的每一个方面，而是更注重所论述问题的代表性和重要性。系列主要聚焦大气污染治理、水污染治理两大板块，涉及光催化、电催化、热催化、光热协同催化、光电协同催化等关键技术，包括催化材料的设计合成、催化的基本原理和机制以及实际应用中关键问题的解决方案，均是近年来的研究热点；分册作者也都是活跃在环境催化领域科研一线的优秀科学家，他们对学科热点和发展方向的把握是一手的、直接的、前沿的和深刻的。

　　希望本系列能为我国环境污染问题的解决以及生态文明建设战略的实施提供有益的理论和技术上的支撑，为我国污染控制新原理和新技术的产生奠定基础。同时也为从事催化化学、环境科学与工程的工作者尤其是青年研究人员和学生了解当前国内外进展提供参考。

中国科学院　院士

赵进才

前　言

自 1894 年芬顿(Fenton)发现 Fe^{2+} 和 H_2O_2 共存体系可有效氧化降解酒石酸以来,Fenton 氧化法便成为环境科研工作者研究的热点,其在水污染控制方面得到长足发展。虽然 Fenton 氧化法具有简单快速、环境友好等优势,但仍存在氧化剂 H_2O_2 和催化剂亚铁盐利用率不高的问题,且因 Fe^{3+} 还原为 Fe^{2+} 的反应速率极低,大量铁离子反应结束后难以与反应介质分离,造成催化剂流失,使其不能循环利用,易产生二次污染导致水质下降。经典均相 Fenton 体系还存在 pH 使用范围窄(2～4)、出水色度高等问题,限制了均相 Fenton 法的推广应用。

为此诸多研究者开始关注 Fenton 反应的改进工作,多涉及催化剂的改进,以构建非均相 Fenton 体系,改变催化中心 Fe^{2+} 或 Fe^{3+} 在水介质中的存在状态。研究者将铁离子等活性组分负载固定在 Nafion 膜、活性炭、树脂、膨润土、分子筛、介孔材料等载体上,制备非均相 Fenton 催化剂;还发现天然铁矿物,如针铁矿、纤铁矿、赤铁矿、磁铁矿等能有效催化 H_2O_2 氧化降解苯酚、染料等难以生物降解的有机物。以上工作可在一定程度上克服均相 Fenton 体系的不足,避免 $Fe(OH)_3$ 沉淀的产生,可实现催化剂的循环利用。然而负载型催化剂存在负载活性组分量低的问题,导致反应速率比均相 Fenton 反应慢,催化效率低,并且活性组分容易在低 pH 条件下溶出,活性组分流失,溶出的铁离子易产生铁泥,无法避免二次污染。

基于此,我们考虑能否找到或合成一种铁基的 Fenton 催化剂,可对 H_2O_2 具有良好的催化活性,同时活性组分不易流失,且具有较好的循环利用稳定性。2009 年我们课题组正在进行二茂铁基"开关"表面活性剂可逆性能的研究,发现二茂铁基团对该表面活性剂的可逆特征起到关键作用,可通过电化学的方法控制开关表面活性剂的活性和非活性状态。于是我们猜想基于二茂铁良好的电子转移可逆特性和难以溶于水的特征,能否把二茂铁作为催化剂构建新型的类 Fenton 体系。基于该想法,课题组系统研究了二茂铁作为 Fenton 催化剂的可行性,并详细研究二茂铁 Fenton 体系对典型有机污染物的降解效能和机制以及对实际有机废水的处理效果。研究结果证实,基于二茂铁构建的 Fenton 体系对有机污染物具有良好的去除效果,可作为一种基于羟基自由基高级氧化技术的备选方案,丰富和发展了高级氧化技术体系和理论。

感谢课题组的相关成员和一些在读及毕业的研究生!如果没有他们,这块砖无论如何也抛不出去。参与本书资料收集和初步撰写的成员有李英杰、王倩、龙坚、牛艳华、存洁、张彪军、房岐、刘相良、胡晶。课题组多年的研究工作得到了国家自然科学基金(21077048;21277064;21077048)、科技部国家重点研发计划(2018YFC1802603)、云南省优秀青年基金(2019FI004)等科研基金项目的支持,在此一并表示感谢!

　　铁基环境催化是环境催化的重要分支,而二茂铁环境催化又是铁基环境催化中重要的一环,目前二茂铁环境催化方面的研究较少,尽管我们课题组在这方面做了一些工作,但这与全面认识二茂铁的环境催化作用还有一定的距离,不过我们相信本书介绍的二茂铁 Fenton 氧化技术研究可起到抛砖引玉的作用,为后续在此方向研究的科研工作者做好铺垫。

目　　录

第1章 高级氧化技术在有机难降解废水处理中的应用

水污染特别是有机废水污染问题已成为制约我国经济与社会可持续发展的重大瓶颈。而化工、印染、焦化、橡胶及塑料等工业的迅速发展，产生了大量含有酚类、烷基苯磺酸、农药、氯苯酚、多环芳烃和染料等难生化降解有机物的废水，这使得我国的有机废水污染问题更为突出。研发高效降解有毒有害有机物和难降解有机物的新技术早已是水体污染控制和治理工作方面的重点。基于羟基自由基(·OH)的高级氧化(advanced oxidation process, AOPs)技术是深度处理有机废水的主要技术。其中Fenton氧化法具有设备简单、反应条件温和、成本低廉、操作简单的特点，被人们广泛地研究和应用。但其弊端是在反应后产生大量的铁泥造成二次污染，这也揭示了催化剂的流失和不可重复利用性。此外，出水色度高也是限制传统Fenton反应广泛应用的主要问题之一。为此，本章将介绍有机废水的来源及危害，有机废水的常规处理方法及深度处理技术，Fenton体系的反应原理、应用及目前存在的问题，二茂铁(ferrocene, Fc)作为Fenton体系催化剂的优势。

1.1 水污染现状、来源及特点

1.1.1 水污染现状

我国人口众多，可利用水资源相对匮乏，且水污染严重(代广辉等，2010)。随着工业的发展，近年来可供直接使用的水资源越来越少，水污染问题越来越严重。在经济粗放式增长阶段，由于对工业发展中存在的负面效应预估不够，工业废水不经过处理或处理力度不够而排入河流，给生态环境带来了严重的污染，导致水资源的质量不断下降，缺水和水体污染事故频发。

前些年有调查显示，全国已有82%的江河湖泊受到不同程度的污染，每天污水、废水排放总量高达 $10^8 m^3$，每年由于水污染造成的经济损失高达 377 亿元(张志鹏和方卫，2013)。日益增多的工业废水和生活污水，不仅影响生活环境的美观，而且严重影响饮用水的水质，威胁人类的健康。事实表明，在靠近农药厂、化工厂、纺织印染企业等并存在较重污染的区域，不仅饮用水水质严重恶化，更频繁出现周围居民癌症发病率上升的情况。因此，对水污染的防治已经到了刻不容缓的地步。

水资源短缺与水污染已经成为全球性危机，世界范围因缺乏洁净水资源引发了诸多问题：据报道，2013 年全球有 12 亿人缺少安全饮用水，每年有数百万人因缺水死亡，每天约有 3900 名儿童因饮用不洁净水引发的疾病死亡(Fisher-Vanden and Olmstead, 2013)。

水污染影响了全球经济的发展，带来了诸多环境问题，影响人类健康，许多水源地遭到了污染并日渐枯竭。在未来几十年甚至几个世纪里，水资源问题将会日益严重，因此水污染的治理已成为科学领域的热点问题。

1.1.2 水污染来源及特点

根据来源不同，废水可以分为生活污水与工业废水两大类。生活污水是人们在起居饮食等日常生活中排放的污水，其所含污染物种类较少，处理方法简单；工业废水是指工业生产过程中产生的废水和废液，其中含有随水流失的工业生产用料、中间产物、副产品以及生产过程中产生的污染物，其种类繁多，成分复杂。相比之下工业废水是目前主要的污染来源。工业废水中的各类有毒物质、有机污染物、重金属使得水质恶化，不仅影响了人类健康、生态平衡和工业生产发展，同时也制约了我国的经济发展（于艳和宗小华，2013）。我国当前的水污染主要来源于有机化工、石油、塑料化工、日用品化工、医药、印染等行业，排放的废水具有排放量大、分布面积广、成分复杂、毒性大及难处理等特点，废水中含有大量的酚类、烷基苯磺酸、多氯联苯、多环芳烃、染料、表面活性剂及腐殖酸等难处理有机物，其中难降解及有毒有害的有机物通常也是导致化学需氧量（chemical oxygen demand，COD）和生化需氧量（biochemical oxygen demand，BOD）两项指标升高的主要因素。这使得工业废水中的有机废水污染问题非常突出（Liu and Diamond，2005），是水处理中急需解决的一个问题。

据 2012 年 6 月环保部发布的《2011 年中国环境状况公报》，2011 年我国废水的排放总量为 652.1 亿 t，COD 排放总量为 2499.9 万 t。各类废水中主要污染物排放量见表 1-1。

表 1-1 2011 年全国废水中主要污染物排放量

COD 排放量/万 t					氨氮排放量/万 t				
总计	工业源	生活源	农业源	集中式	总计	工业源	生活源	农业源	集中式
2499.9	355.5	938.2	1186.1	20.1	260.4	28.2	147.6	82.6	2.0

注：表中"集中式"代表集中式污染治理设施。

在有机废水污染中，印染行业是其中一个主要来源。我国是印染行业大国，20 世纪 90 年代染料的生产和供应中心从欧美转移到亚洲，促进了亚洲尤其是我国染料工业的发展。加入世贸组织后，我国染料出口关税的降低以及国内染料消费需求的增长，使我国印染工业生产速度明显加快，经济效益大幅提高。目前，我国印染工业的产量占世界总产量的 70%以上，居世界首位（中国皮革网，2019）。印染行业本身具有耗水量大、排放的废水中有机物含量高且难降解、色度高、水质变化大等特点，其发展使我国生态环境遭受了严重的破坏，更加剧了水体污染。而近年来印染工艺的改变及产品品种的增加，进一步加大了印染废水的处理难度，排放的污水进入河流、湖泊后，不仅水体颜色会发生改变，有机物、有毒物、重金属及纤维屑等物质还会使水体水质发生变化。近年来我国加大了印染行业废水的治理，根据《纺织染整工业水污染物排放标准》（GB 4287—2012），除Ⅲ类污水排放指标变化不大外，国家增加了Ⅰ类和Ⅱ类污水印染废水 BOD、COD、色度、悬浮物、氨氮、苯胺类、二氧化氯等指标的排放限定。而染料废水水质一般 COD 为 2000～3000mg·L^{-1}，色度为标准的 200～800 倍，pH 为 10～13，BOD/COD 为 0.25～0.4。印染废水的治理是印染行业急需解决的问题。

1.2　有机废水的特点、危害及处理技术

1.2.1　有机废水的特点及危害

有机废水是一种量大面广、成分复杂、有毒、难降解的典型工业废水。据《中国环境统计年鉴(2015)》报道：我国 2015 年排放的废水中化学需氧量排放总量为 2223.5 万 t，其中工业源化学需氧量排放量为 293.5 万 t，占废水中化学需氧量排放总量的 13.2%。有机废水成分复杂，多含多环芳烃、卤代烃、杂环类化合物、有机农药、酚类、苯胺、染料等毒性物质，其危害主要表现为以下几个方面。

(1)富营养化污染。有机废水中含有大量的 N、P 等植物和微生物生存必需的营养元素，由于有机物浓度高，刺激水生植物异常生长，容易造成水体富营养化。

(2)土壤污染。工业生产采用硫化、还原等过程时会导致废水 pH 高达 10 以上，一旦排放的废水进入农田后，会造成土壤盐碱化。而对于酸性生产过程，其废水又呈现强酸性，排入农田后又会造成土壤酸化。

(3)重金属污染。废水中的铜、铬、铅、汞等重金属盐，难以生化处理，排入河流、湖泊后易造成重金属污染。水体中的重金属被水生动植物吸收，通过食物链富集作用，最终危害人类健康。

(4)其他污染。有机废水浓度大、色度高，排入水体后易造成水体的景观污染。除此之外，还降低水体的透光率，影响水生生物的生长，破坏水环境的生态平衡。

有机废水的排放不仅会影响水生生物的生存、破坏水生态系统、影响人类的健康和生活质量，还会在一定程度上影响工业发展和能源产出。

1.2.2　有机废水常规处理技术

1. 物理处理法

废水的物理处理法具有设备简单、操作方便、经济可靠的特点，现有的物理处理法主要有：气浮法、离子交换法、膜分离法和吸附法等(毛燕芳，2012；胡卫强，2012；曲晶心和陈均志，2009；Barredo et al.，2006；Lee et al.，2006；Tunay et al.，1996)。

(1)气浮法：采用通气设备使水中产生大量的微气泡，形成水、气及被去除物质的三相界面，在界面张力、气泡上升浮力和静水压力差等多种力的作用下，将污水中的悬浮物质从水体中分离出来。采用气浮法时，气泡充入水中，水体中溶解氧较多，利于后期处理。但是气浮法运行费用偏高，耗电量高，废水中悬浮物质浓度高时易导致溶气水减压器堵塞，增加管理成本。

(2)离子交换法：向废水中投加离子交换剂，通过离子交换剂上的离子与废水中的离子进行交换从而去除废水中的有害离子。在印染废水处理中，离子交换法可以去除及回收废水中的重金属离子，具有去除效率高、设备简单、操作方便等优点。但离子交换剂的品种有限、在使用中对废水预处理要求很高及其再生和再生液的处理等问题限制了其广泛应用。

(3)膜分离法：利用膜的选择透过性对废水中离子或分子等物质进行分离的方法。根据性质不同，膜可以分为：电渗析膜、反渗透膜、微滤膜、超滤膜、纳滤膜。电渗析膜在外加电场作用下，使带电离子通过膜而迁移；反渗透膜以压力差为动力，使溶剂透过，而其他物质被挡在高压侧实现二者分离；微滤膜孔径为 $0.05\sim5\mu m$，在压力作用下可以将胶体粒子和溶解聚合物分开；超滤膜孔径为 $5\sim100nm$，在压力作用下可以将胶体粒子和聚合物与可溶低分子物质分开；纳滤膜能够将单价离子与二价离子分开，主要用于脱除分子量在 $200\sim2000$ 的有机物。膜分离法具有无相变、无须投加化学试剂和节能等优点(张自杰，2000)，但是目前膜成本很高，使用过程中容易发生堵塞，并且使用后会产生难处理的浓缩液使后续处理更加困难。

(4)吸附法(孙建兵等，2011)：采用具有大比表面积的多孔性固体物质与废水接触，借助固体表面饱和吸附量与实时吸附量之间的差值所形成的分子引力或化学键力使得废水中的一种或多种组分在固体表面富集，达到去除废水中污染物的目的。吸附可以分为物理吸附和化学吸附。物理吸附是依靠分子力将污染物分子聚集在多孔固体中；化学吸附是通过化学反应对污染物进行去除，吸附效果和特点随使用吸附剂的不同有一定变化。吸附法已被成功地运用于焦化废水(范明霞等，2009)、电镀废水(曾君丽等，2011)、印染废水(孟范平和易怀昌，2009)等的处理。随着吸附处理技术研究的深入，各种吸附剂被不断引入，吸附法在印染废水治理中的应用日益广泛，通常采用的吸附剂有活性炭、膨润土、蒙脱石、海绵铁、硅藻土、炉渣、粉煤灰、煤渣等(Baskaralingam et al.，2006；El Qada et al.，2008；陈孟林等，2010；芦春梅等，2005；王代芝，2009；王湖坤和任静，2008)，但由于其吸附量小、吸附选择性差、成本高、制备工艺复杂等特点，通常需要对上述吸附材料进行改性处理，以提高其吸附能力。

物理处理法的本质是使水体中的污染物发生转移，并没有将其完全氧化降解。经处理后的水体水质虽有所提高，但是被转移的污染物成了潜在的污染源，在特定的条件下，有释放污染物污染水体的可能。

2. 化学处理法

化学处理法是利用化学反应将废水中的有机/无机物转化为无毒和易于分离的物质(Mahmoodi et al.，2005)，从而达到污水处理的目的。化学处理法对水溶性染料有较高的去除率，但是对不溶性、以分散悬浮状态存在的染料去除效果较差。目前常用的化学处理法主要有：混凝法和湿式空气氧化法。

(1)混凝法(Golob et al.，1977)：以胶体化学理论为基础，在印染废水中投入混凝剂使其在水中发生水解，依靠水解产物与废水中的胶体发生静电中和、架桥、黏附等作用，破坏胶体及悬浮物形成的分散系，并不断聚集增大进而通过重力作用以沉淀的方式使其去除的方法。混凝法具有投资费用低、设备占地少、处理容量大、去除率高等优点，根据不同的水质可以选用合适的混凝剂，处理效果和成本可控制在适当水平。但实际生产中印染废水水质变化较大，需要不断改变投料条件，导致运行成本偏高，使用范围较窄，并且对亲水性染料的去除效果差，COD 去除效率低。目前广泛应用的混凝剂有无机混凝剂、有机混凝剂及生物混凝剂等。近年来随着染料工艺的不断开发和运用，废水中的染料分子越来越复杂，对混凝剂的要求也越来越高。

(2)湿式空气氧化法：在高温高压条件下，以空气或纯氧为氧化剂将废水中的有机物氧化为水和二氧化碳的一种处理方法。湿式空气氧化法是处理印染废水的有效方式。但是操作需要在高温、高压下进行，并且仅适用于处理高浓度、小流量的印染废水，对于废水中多氯联苯、低级羧酸等的去除效果不理想，如果操作不当，有产生有毒副产物的危险。通常需要加入适宜的催化剂如过氧化氢、次氯酸钠等以降低反应温度和压力，虽然缩短了反应时间，但也增加了成本。

3. 生物处理法

生物处理法是利用微生物的氧化、还原、水解、化合等生命活动来氧化还原有机物，破坏有机物的不饱和键和发色基团，最终将有机物转化为无机物或小分子中间产物来达到降解废水的目的(Wang et al.，2007)。生物处理法分为好氧生物处理法、厌氧生物处理法以及好氧-厌氧联用法。

(1)好氧生物处理法：利用好氧微生物(包括兼性微生物)在有氧气存在的条件下，将水中的有机污染物进行分解代谢的方法。常见的好氧生物处理法有活性污泥法、生物膜法、生物滤池法、生物接触氧化法等。好氧生物处理法适用于处理印染废水中的可溶性且能被生物处理的有机物。其中活性污泥法在印染废水处理中的应用较为普遍。活性污泥对有机物有很强的吸附和分解能力，既能分解大量有机物，又能去除部分色度，运转效率高，适用于处理有机物含量较高的印染废水。生物膜法是利用微生物附着在介质滤料表面生成一层由微生物构成的膜，污水同膜接触后，溶解的有机污染物被微生物吸附转化为水、二氧化碳等，使污水得到净化。生物膜法对印染废水的去除作用较好。常用的生物膜法主要有生物接触氧化法、生物转盘法和生物炭法等。由于印染废水有机物复杂、浓度高及难降解，因此单一的处理方法在印染废水处理中的应用较少，主要还是多种工艺相结合，达到逐级处理的目的。

(2)厌氧生物处理法：利用兼性厌氧菌和专性厌氧菌将废水中的大分子有机物降解为小分子有机物，最终转化为甲烷、二氧化碳的有机污水处理方法。厌氧生物处理法不仅可用于处理高浓度印染废水，对中、低浓度印染废水也有较好的处理效果。其对染料中的偶氮基、三苯甲烷基均可降解，在厌氧微生物的还原酶作用下，偶氮染料的—N=N—被还原裂解，实现部分降解。但是该方法对染料的中间体不能有效降解，使得出水水质往往达不到标准，通常与好氧生物处理法联合使用。比如一些有毒难降解有机物在厌氧条件下可以发生部分降解，从而提高好氧生物降解性。

(3)好氧-厌氧联用法可以弥补单一运用好氧(厌氧)生物处理法的不足。首先在厌氧条件下，利用厌氧菌将难降解染料分子水解、酸化分解为小分子有机物，使不溶解有机物转化为溶解性有机物，然后利用好氧菌将小分子有机物最终分解为无机小分子(李雅婕和王平，2006)。虽然好氧-厌氧联用法相比单一生物处理法有所改善，但其对色度处理效果不佳，处理效率不高，最终出水仍然不能满足要求，并且设备占地面积大，工业投资费用高，难以实现广泛应用。

1.3　高级氧化技术处理有机废水原理

1.3.1　高级氧化技术的特征

含酚类、染料、氨氮、苯胺类及各种持久性有机污染物等难生化降解有机污染物的有机废水，因污染物性质稳定、毒性大、可生化性差、色度高、透光度低，如果直接进行单一的物理或生化处理，效率很低，有时甚至无效，比较理想的处理方式是对其进行彻底的氧化降解(Shannon et al.，2008)。传统处理有机废水的方法普遍存在一些缺点，如处理效果差、成本高、耗时长、工艺复杂、可能出现二次污染等，对可生化性差、分子量大的有机污染物处理难度较大。为解决传统处理废水方法中存在的这些问题，20 世纪 80 年代高级氧化技术应运而生，它被认为是一种低成本的高效降解有机废水的方法，有潜在的应用价值(曹国民等，2010)。高级氧化技术可以对有机物直接矿化或氧化从而提高有机物的可生化性，在有毒有害有机物处理方面有很大的优势，具有很好的应用前景。

AOPs 以产生 ·OH 为特征，是一种高效的处理有机废水的方法，通常采取引入外部能源，如电、紫外/可见光辐照和加入氧化剂(臭氧、双氧水、氯气和次氯酸钠等)，使得体系中生成有强氧化性的 ·OH，在反应过程中生成的有机自由基可以继续参与 ·OH 的链式反应，或依靠生成有机过氧化自由基将废水中的难生化降解有机污染物完全矿化或转化为低毒、易生物降解的小分子，或者转变为沉淀等，使水中的 COD 值大大降低。AOPs 对于水体中高稳定性、难降解有机污染物的去除尤为有效。

一般来说，羟基自由基在水中的反应类型有以下几种。

(1)加成反应。即羟基自由基与含有不饱和键的化合物发生加成反应，如：

$$\cdot OH + C_6H_6 \longrightarrow [OH]C_6H_6 \tag{1-1}$$

(2)取代反应。即可在硫原子上进行直接取代反应，如：

$$\cdot OH + CH_3 \overset{\underset{\|}{O}}{-} S - CH_3 \longrightarrow CH_3 \overset{\underset{\|}{O}}{-} S - OH + \cdot CH_3 \tag{1-2}$$

(3)夺氢反应。与 H 原子一样，羟基自由基与饱和有机化合物反应主要为夺氢反应，形成有机自由基和水。

(4)氧化反应。也叫电子传递反应，这主要是由于羟基自由基是极强的单电子氧化剂，可以使低价态的铁离子络合物形成高化合态的铁。如：

$$Fe^{2+} + \cdot OH \longrightarrow Fe^{3+} + OH^- \tag{1-3}$$

(5)自由基之间相互反应。羟基自由基之间可以相互反应，或羟基自由基与不同自由基反应，形成相对稳定的产物。如：

$$\cdot OH + \cdot OH \longrightarrow H_2O_2 \tag{1-4}$$

　　采用 Fenton 氧化法在实际废水处理过程中，可以通过调整反应条件，使得加成反应和夺氢反应处于主导地位，降解有机污染物，达到废水处理的目的。

　　与其他氧化法相比，高级氧化技术有如下特点。

　　(1)可以产生具有强氧化性的羟基自由基。羟基自由基具有较高的氧化电位(2.80V)(Buxton et al.，1988；Stefan et al.，1996)，仅次于单质氟(表 1-2)，可以无选择性地氧化去除水体中的难降解有机物(Acero et al.，2001；Feng et al.，2006；Glaze and Kang，1987；Ince and Tezcanli，1999)，将其彻底氧化为 CO_2、H_2O 和无机盐，从而降低污水的色度、COD，整个处理过程反应时间短，氧化效率高，并且不会产生二次污染。羟基自由基虽然具有很高的氧化能力，但寿命极短，其在水体中的寿命仅为 $10^{-6}s$(Stefan et al.，1998)。

　　(2)可以在常温常压下进行操作，使反应在可控条件下进行，并且由于羟基自由基非常活泼，可以与大多数有机物迅速发生反应，其反应速率常数数量级为 $10^6 \sim 10^9$ $mol^{-1}\cdot L^{-1}\cdot s^{-1}$(Fockedey and Lierde，2002；Wu et al.，2002)。常见有机物与羟基自由基的反应速率常数见表 1-3。

　　(3)反应速率快，既可以单独作为一种工艺使用，又可以与其他处理方法相结合，提高了处理效率。

表 1-2　几种常见氧化剂的氧化电位比较

氧化剂种类	反应式	氧化电位/V
F_2	$F_2+ 2H^++2e^- = 2HF$	3.03
$\cdot OH$	$\cdot OH + H^+ + e^- = H_2O$	2.80
O_3	$O_3 + 2H^+ + 2e^- = H_2O + O_2$	2.07
Cl_2	$Cl_2 + 2e^- = 2Cl^-$	1.30
H_2O_2	$H_2O_2 + 2H^+ + 2e^- = 2H_2O$	1.77
MnO_4^-	$MnO_4^- + 8H^+ + 5e^- = Mn^{2+} + 4H_2O$	1.51
ClO_2	$ClO_2 + e^- = Cl^- + O_2$	1.50

表 1-3　羟基自由基与常见物质的反应速率常数

物质名称	反应速率常数/($mol^{-1}\cdot L^{-1}\cdot s^{-1}$)
苯	7.8×10^9
苯酚	6.9×10^9
甲苯	7.8×10^9
氯苯	5.5×10^9
正丁醇	4.6×10^9
叔丁醇	0.4×10^9
CO_3^{2-}	2.0×10^8
HCO_3^-	5.7×10^8
Fe^{2+}	2.5×10^8
H_2O_2	4.5×10^8

1.3.2　高级氧化技术的类型

根据产生·OH 方式和催化条件的不同，高级氧化技术有如下分类：光化学氧化法、电化学氧化法、湿式氧化法、臭氧氧化法、超临界水氧化法、Fenton 氧化法等（Moraes et al.，2004；Pignatello et al.，2006；Vilhunen and Sillanpää，2010；张德莉等，2006）。

光化学氧化法是高级氧化技术的一种，是指借助催化剂（如半导体材料 TiO_2）或氧化剂（如 H_2O_2、O_3 等），利用紫外光照射半导体表面形成的强氧化性的空穴将有机物直接氧化降解，或者与氧化物表面吸附的水作用形成·OH，最终达到降解有机物的目的。具体来讲就是指在反应过程中辅助以紫外光照射，使氧化剂 H_2O_2、O_3 等吸收光能后迅速分解或与水作用而形成·OH，从而进行降解反应。光化学氧化法中的催化剂起着重要作用，催化剂吸收光能后激发产生电子-空穴对，空穴夺取有机物的电子使其被活化，电子从催化剂表面进入水体进而生成氧化能力很强的·OH，使有机物得以降解。该法的优点是处理效率较高，并且氧化剂的使用效率高，在处理过程中不带入其他杂质。尽管光化学氧化法具有较高的处理效率，但是受光穿透能力的限制，当水体中悬浮物含量过高时，光化学氧化法的处理效果会受到一定影响。光催化反应的选择性较差，有机物的光降解通常会受到其他竞争反应的干扰，有可能产生毒性物质。同时，光化学氧化法所使用的光基本为紫外光，投资运营成本较高，所以光源的拓展也是一个问题。

电化学氧化法是指在特定反应器中通过外加电场形成电化学过程和化学反应，诱导系统中产生大量具有强氧化性的自由基，从而对水体污染物进行降解的方法。电化学氧化法可以分为直接电化学氧化法和间接电化学氧化法。直接电化学氧化法通过阳极直接氧化，使废水中的有机物和部分无机物转化为无害物质；间接电化学氧化法通过惰性阳极电化学反应生成具有强氧化作用的中间产物，如·OH、·O_2 等活性自由基，通过自由基的强氧化作用氧化废水中的有机物，达到降解污染物的目的。电化学氧化法具有多功能、灵活、易于控制等优点。虽然使用电化学氧化法在废水处理中取得了一定成果，但是在处理过程中的电化学过程机制仍不清楚，通常是由宏观上污染物的浓度变化对电化学氧化进行微观推测，对高效电极催化剂的研制和开发缺乏理论指导（Selli，2002）。后期应加强对电化学氧化机制的研究，以利于技术创新。

湿式氧化法是指在较高的温度和压力下，用氧化剂将废水中的有机物降解。这种方法在彻底氧化一些难降解有机物、降低废水 COD 的同时，还能提高废水的可生化性，通常将该工艺与生物处理工艺联合使用。湿式氧化法处理效率高，有机物矿化程度较高，有时在矿化后不需要进行其他处理即可使水质达标，也可以作为生化处理的预处理，提高废水的可生化性。但是这种方法需要高温高压条件，对设备要求较高，运行成本高，同时使用过程中催化剂的损耗比较大，容易造成二次污染，所以，后期应该着力研究温和条件下处理有机废水的技术。

臭氧氧化法即在废水中通入臭氧来氧化降解有机物的方法。臭氧氧化法在污水处理中具有氧化能力强、反应速度快、不产生污泥等二次污染、去除率高和处理工艺简单的特点。其作用机制包含两个方面：①利用臭氧对水中有机物直接进行氧化，这种过程具有一定的选择性且反应较慢，并且只能进攻有机物中具有不饱和键的部分，对不饱和脂肪烃和芳香烃类化合物较有效，具有较强的选择性；②通过间接反应完成，即利用臭氧在水中诱导形成的具有强氧化性的羟基自由基对水中的有机污染物进行氧化，达到降解有机物的目的，这种方式不具有选择性。臭氧氧化法具有较强的去除有机污染物的能力，对于水溶性染料（如活性、直接、阳离子和酸性等染料）的去除率很高；对分散染料也有较好的去除效果。臭氧氧化法在使用过程中不产生污泥，没有二次污染的问题，并且臭氧发生器等处理设备简单紧凑、占地面积少，同时更容易实现自动化控制。但其仍然存在一些问题，如臭氧在水中的溶解度小，臭氧利用率低，在操作过程中需要加入过量臭氧才能取得较好的效果；在低剂量和短时间内不能完全矿化污染物，对其他以悬浮状态存在于废水中的还原染料、硫化染料和涂料的去除效果较差，并且分解过程中生成的中间产物会阻止臭氧的氧化进程，具有很大的局限性，主要用于深度处理。

超临界水氧化法是指在温度及压力高于水的临界温度（374℃）和临界压力（22.1MPa）条件下使水中有机物的结构被破坏的氧化技术。该方法具有处理效率高、氧化彻底、有毒有害物质去除效率高、适用范围广、不产生二次污染等优点。超临界水氧化法反应速率很快，几乎所有有机物在极短时间内就可以被完全分解。但超临界水氧化处理需要较高的温度和压力，并且该环境下设备较易发生腐蚀，所以对设备的耐腐蚀性能要求较高，使得处理过程运行成本较高。

Fenton 氧化法因 1894 年 Fenton 的一项科学研究而得名，该研究发现 Fe^{2+} 和 H_2O_2 共存于酸性水溶液中可以有效氧化酒石酸，为人们提供了一种分析还原性有机物和选择性氧化有机物的新方法（Fenton，1894）。Fenton 反应机制主要认为是 Fe^{2+} 和 H_2O_2 首先发生反应生成羟基自由基及氢氧根离子，然后经过一系列链式反应达到降解有机物的目的。与其他处理技术相比，Fenton 氧化法具有操作方便、反应条件温和、设备要求低、所使用试剂价格低廉、氧化速率快、目标污染物范围广、COD 及色度的去除效果好等优点，几乎可以氧化所有有机物，具有极大的应用潜力（Sehura et al.，2013；Walling，1975；Zazo et al.，2005；张德莉等，2006）。为了提高 Fenton 氧化法的处理效果，通常将 Fenton 氧化法与 UV 光催化氧化等工艺联合使用。

除上述氧化技术外，还有诸如超声波处理技术、高铁酸钾氧化技术等均属高级氧化技术。在高级氧化技术中，Fenton 氧化法优势较为突出，是水处理研究领域的热点之一。

1.4　Fenton 氧化法处理有机废水原理及应用

1.4.1　传统 Fenton 氧化法

1. 传统 Fenton 氧化机制

传统 Fenton 氧化法采用铁为催化剂分解 H_2O_2 生成·OH，按照铁的性质分类其反应有两种形式：一类是以 Fe^{2+} 为催化剂的经典 Fenton 反应；另一类是改良 Fenton 或类 Fenton 反应，以 Fe^{3+}、磁铁矿（Fe_3O_4）等铁氧化物及针铁矿（α-FeOOH）、铁配合物等为催化剂（Tsai and Kao，2009）。

传统的均相 Fenton 反应以 Fe^{2+} 为催化剂分解 H_2O_2，通常 Fenton 反应在 pH＝2～4 的酸性条件下反应较快（Rodriguez et al.，2003；Utset et al.，2000），反应的基本过程如下（Fan et al.，2011；He et al.，2014；Lu et al.，1999；Luo et al.，2014；Ma et al.，2005；Michael and Kara，2014）：

$$Fe^{2+}+H_2O_2 \longrightarrow \cdot OH+OH^-+Fe^{3+} \qquad k_1 \approx 70 mol \cdot L^{-1} \cdot s^{-1} \qquad (1-5)$$

$$Fe^{3+}+H_2O_2 \longrightarrow Fe^{2+}+H^++HOO \cdot \qquad k_2 \approx 0.002\sim0.01 mol \cdot L^{-1} \cdot s^{-1} \qquad (1-6)$$

$$Fe^{3+}+HOO \cdot \longrightarrow Fe^{2+}+H^++O_2 \qquad k_3 \approx 1.2\times10^{-6} mol \cdot L^{-1} \cdot s^{-1} \qquad (1-7)$$

$$Fe^{2+}+ \cdot OH \longrightarrow Fe^{3+}+OH^- \qquad k_4 \approx 3.2\times10^8 mol \cdot L^{-1} \cdot s^{-1} \qquad (1-8)$$

$$\cdot OH+H_2O_2 \longrightarrow H_2O+HOO \cdot \qquad k_5 \approx 3.3\times10^7 mol \cdot L^{-1} \cdot s^{-1} \qquad (1-9)$$

$$Fe^{2+}+HOO \cdot \longrightarrow HOO^-+Fe^{3+} \qquad (1-10)$$

$$\cdot OH+ \cdot OH \longrightarrow H_2O_2 \qquad (1-11)$$

$$\cdot OH+有机物 \longrightarrow 产物+CO_2+H_2O \qquad (1-12)$$

Fenton 反应中，Fe^{2+} 氧化为 Fe^{3+} 的反应[式(1-5)]速率常数约为 $70 mol \cdot L^{-1} \cdot s^{-1}$，而 Fe^{3+} 还原为 Fe^{2+} 的反应[式(1-6)]速率常数仅为 $0.002\sim0.01 mol \cdot L^{-1} \cdot s^{-1}$，是整个反应的限速步骤，这导致体系中铁离子的循环受阻，使得铁离子以 Fe^{3+} 的形式积累，最终导致有机污染物降解不完全（Neyens and Baeyens，2003）。

2. 传统 Fenton 氧化法存在的问题

传统 Fenton 氧化法虽然具有简单快速、环境友好等特点，但仍存在固有缺陷，即氧化剂 H_2O_2 和催化剂亚铁盐的利用率不高。从上述反应机制中可以看出，由于 Fe^{3+} 还原为 Fe^{2+} 的反应速率常数较小，大量铁离子的存在导致反应结束后铁离子难以与反应介质分离，不仅造成催化剂的流失，使其不能循环利用，而且产生了二次污染导致水质下降（Fernandez et al.，1999；Kang et al.，2000；Hsueh et al.，2006）。此外，经典均相 Fenton 体系还存在 pH 使用范围窄（pH＝2～4）、出水色度高等问题，限制了均相 Fenton 法的广泛应用（Duesterberg et al.，2008；Sontakke et al.，2011；Wang et al.，2011）。为此，研究者开始关注对 Fenton 反应的改进措施，其中包括对催化剂的改进和引入外部能量两个方面。

（1）在催化剂改进方面，主要采取不溶或难溶于水的固体催化剂或将催化活性组分固载以构成非均相催化体系，以此改进催化中心 Fe^{2+} 或 Fe^{3+} 在水介质中的存在状态。相关研究表明（Daud and Hameed，2011；Heckert et al.，2008），针铁矿、纤铁矿、赤铁矿、磁铁矿等含铁氧化物能有效催化氧化苯酚、染料等难以生物降解的有机物，将铁离子等活性组分负载固定在 Nafion 膜、活性炭、树脂、膨润土、分子筛、介孔材料等载体上，制备非均相 Fenton 催化剂（Chen and Zhu，2006；Feng et al.，2005；Nguyen et al.，2011；Sugawara et al.，2011；Wang et al.，2014），可以在一定程度上克服均相 Fenton 体系的不足，避免 $Fe(OH)_3$ 沉淀的产生，使催化剂可循环使用。但是负载型催化剂存在负载量低的问题，导致反应速率比均相 Fenton 反应慢，催化效率低，并且活性组分容易在低 pH 条件下溶出，溶出的铁产生铁泥，无法避免二次污染。

（2）依靠引入外部能量，主要是引入紫外/可见光辐照、电场、超声波等进行协同催化，以提高反应效能，形成诸如光助 Fenton 技术、电助 Fenton 技术等。由于紫外光或可见光可激发光子的释放，增加羟基自由基的生成量，并且有利于 Fe^{3+} 还原为 Fe^{2+} 的催化剂循环，其与 Fe^{2+} 的协同效应可以提高 H_2O_2 的分解速率。目前已经有很多关于光助 Fenton 技术应用于酚类、染料、农药、造纸等生产企业产生的工业废水中所含有的含氮有机化合物及其他难降解有机物的降解的研究（郑展望等，2004；Navalon et al.，2010，2011）。

上述两种方法均可以对传统 Fenton 技术进行改进，虽然引入外部能量如紫外光或可见光可以提高 Fenton 反应的催化效率，但其操作复杂，目前大部分负载型非均相 Fenton 催化剂也因成本和工艺问题，尚难进入实际应用阶段。对于处理难降解有机废水优势明显的 Fenton 技术来说，目前急需寻求一种价廉易得、操作工艺简单、具有良性循环效应的非均相 Fenton 技术。

1.4.2　非均相 Fenton 氧化法

1. 非均相 Fenton 氧化法处理有机废水

传统 Fenton 氧化法具有反应速度快、成本低、设备简单、对人体无毒害等优点，但存在反应后产生铁泥造成二次污染的弊端，因此众多研究者已经开展改进非均相 Fenton 氧化法的研究（Zhong et al.，2014）。对于采用负载铁离子到载体的非均相 Fenton 氧化法来说，目前使用的固体载体有活性炭、粉煤灰、硅藻土、沸石、膨润土、氧化铝等（王红琴和刘勇健，2012；张亚平等，2006；Soon and Hameed，2011）。

利用载体将铁离子固载，制备得到的负载型 Fenton 试剂会使得被固载的铁离子具有和铁离子完全不同的反应活性和反应条件。杨春维等（2011）以柱状颗粒活性炭为催化剂载体，首先对活性炭进行预处理，然后将其浸渍在一定浓度的 $FeSO_4$ 溶液中，使活性炭上负载少量 Fe^{2+}，制备了非均相 Fenton 催化剂，将其应用于催化降解亚甲基蓝的研究。结果发现非均相 Fenton 催化剂具有较高的催化活性，当 $FeSO_4$ 的浓度由 $4.8mmol·L^{-1}$ 增加到 $16.7mmol·L^{-1}$ 时，反应 10min 后亚甲基蓝的去除率由 83.6%增加到 93.4%，反应过程中非均相 Fenton 催化剂可以持续供给 Fe^{2+} 并且重复 4 次后的催化剂仍然可以使亚甲基蓝的去除率达到 94%，实现了催化剂的重复利用。

对于不同的有机污染物，由于染料本身性质不同，改进后的非均相 Fenton 体系对其处理效果也不尽相同。由波（2011）以粉煤灰为载体负载 Fe^{2+} 制备了非均相 Fenton 催化剂，并将其应用于降解活性艳红 X-3B、活性艳红 KE-3B 和活性艳蓝 X-BR 染料。由于粉煤灰具有较大的比表面积，在单独使用时以物理吸附为主。在多孔的粉煤灰上负载 Fe^{2+} 并与 H_2O_2 组成非均相 Fenton 体系后，有效地提高了染料的去除率。使用负载后的非均相 Fenton 催化剂虽然可以提高有机物的降解速率，但其对不同染料的降解能力有所差别。由波（2011）研究发现其对三种不同结构染料的色度去除速率为：单偶氮染料>蒽醌染料>双偶氮染料。一般来讲，分子量小、结构简单、苯环少的染料较容易降解。虽然使用负载型催化剂在一定程度上提高了有机废水的降解速率，但是对于实际工业应用来讲，仍然存在一些问题，比如使用的负载型催化剂通常存在制备工艺复杂、负载量低、对于某些类型的有机物催化性能差等，因此常常需要引入紫外光、电流、超声、微波等外部能源以期提高非均相 Fenton 反应的效率（杜瑛珣等，2010；李章良等，2013；尹玉玲等，2009；张淑娟等，2013）。

引入外部能量可以在一定程度上提高有机物的降解效率。赵超（2007）使用硅胶、NaY 型分子筛和蒙脱石-K_{10} 对 Fe^{3+} 进行负载制备了负载型固体催化剂，考察了它们对染料的吸附能力，并借助引入可见光考察了以 H_2O_2 为氧化剂时其催化降解染料酸性桃红的性能。结果发现固载后的催化剂不仅可以实现重复利用，表现出良好的稳定性，而且比均相 Fenton 体系具有更高的 H_2O_2 利用率。在引入外部能量可见光的条件下，可以有效激发和敏化催化剂表面的染料，诱发活性中心和氧化剂反应，使其产生高活性的 ·OH 使染料降解。研究发现，光助 Fenton 反应仅在 pH<3 的酸性条件下对染料有较好的去除效果，将铁负载后，该体系在中性甚至碱性条件下对染料也有一定的去除效果，并且提高了 H_2O_2 的活化分解率，增强了催化剂的稳定性，同时使催化剂可以通过简单的过滤回收实现重复利用，避免了二次污染。

虽然采用改进后的非均相 Fenton 氧化法在一定程度上提高了传统 Fenton 氧化法的效能，但是从工业化应用来讲，仍然有一些缺点。常见的问题是催化剂的制备工艺复杂、负载量低、在使用过程中容易出现活性组分溶出，虽然可以通过引入光、电、超声和微波等解决有机物污染物降解效率低的问题，但是也因此提高了处理成本，不利于工业化使用。

2. 二茂铁用于非均相 Fenton 催化的可行性

针对上述传统 Fenton 体系和负载型催化剂催化的非均相 Fenton 体系的弊端，我们认为理想的非均相 Fenton 氧化法要求催化剂应具备以下特点：①具有高效催化 H_2O_2 分解产生羟基自由基的能力；②不溶于水、反应结束后可以固液分离，实现资源的循环利用；③价廉易得，制备工艺简单。鉴于目前非均相 Fenton 体系反应效能较低且引入外部能源在一定程度上会增加成本的弊端，需要构建更具有实际应用价值的、新的物质或体系来满足有机废水的处理要求，而二茂铁和铁铁水滑石因其典型的结构组成和特点，可以满足上述要求。

二茂铁（ferrocene，Fc），或称环戊二烯基铁，其分子式为 $Fe(C_5H_5)_2$，是一种具有三明治结构的有机过渡金属化合物，铁原子被夹在两个平行的环戊二烯基之间，形成牢固的配位键，中心铁原子的氧化态为+2，每个茂环带有一个单位负电荷（Fouda et al.，2007；Stepnicka，2008）。其结构如图 1-1 所示。

图 1-1　二茂铁的结构

　　二茂铁的分子呈现极性，因具有高度热稳定性（可耐受 470℃高温加热）、化学稳定性（对酸碱稳定）、耐辐射、疏水性、生物活性等特性而被广泛应用。二茂铁具有较好的化学稳定性和氧化还原可逆特性，还具有电子给受体结构，易氧化形成蓝色顺磁性二茂铁鎓离子$(Fc^+)[(\eta^5\text{-}C_5H_5)_2Fe^{III}]^+$，$Fc \Longrightarrow Fc^+ + e^-$ 为可逆反应，标准电极约为 0.628V（Batterjee et al.，2003）。二茂铁对许多化学反应都具有显著的催化活性，如燃烧反应、某些光敏及热敏反应等，通常可以用作火箭燃料添加剂、汽油抗震剂、硅树脂和硅橡胶的熟化剂及紫外吸收剂等（Amer et al.，2010；Colacot and Hosmane，2005）。此外，二茂铁对生物无毒害作用，环境安全性好，在化肥行业、药物领域、航天技术、节能产业等也有应用。

　　目前已有二茂铁在电化学方面的研究证实了二茂铁在非水性溶剂介质中可以发挥其氧化还原可逆特性，可以催化分解 H_2O_2 产生羟基自由基。郁章玉等（2004）通过循环伏安法和交流阻抗法研究了二茂铁在铂电极上的电化学行为，进而测试了在有 H_2O_2 存在的情况下二茂铁的循环伏安曲线，发现二茂铁有氧化还原可逆的特性，且该特性在 H_2O_2 存在的条件下更为明显，可通过得失电子，催化 H_2O_2 分解。对二茂铁光催化降解氯仿等有机溶剂的研究发现（Peña et al.，2009），二茂铁在紫外光激发下失去电子转变为二茂铁正离子，借助二茂铁正离子与溶液中其他物质的氧化还原反应，可使得氯仿得以降解，而二茂铁正离子在反应过程中又失去电子还原为二茂铁。在这个过程中二茂铁起到催化剂的作用。由于二茂铁的光敏特性，其可以用作氟代烷烃光敏催化脱氟催化剂（Cunnane et al.，2005）。

　　从以上分析可以看出，使用二茂铁作为催化剂有潜在的优势：①二茂铁具有氧化还原可逆的特性，在 H_2O_2 存在的情况下可以实现 Fc 和 Fc^+ 之间的转变；②Fc 不溶于水且无毒，化学稳定性好，容易实现固液分离，达到循环利用的效果；③目前已经大规模生产，价廉易得，有利于降低成本。

参 考 文 献

曹国民, 盛梅, 刘勇弟, 2010. 高级氧化-生化组合工艺处理难降解有机废水的研究进展[J]. 化工环保, 30(1): 6-12.

陈孟林, 宿程远, 王全喜, 等, 2010. 吸附-催化氧化再生法处理印染废水的试验研究[J]. 工业水处理, 30(9): 46-49.

代广辉, 刘舰, 赵笑时, 2010. 化工企业水资源紧缺原因及对策[J]. 科技信息, (18): 326-327.

杜瑛珣, 杜瑛娜, 傅翔, 等, 2010. 光-Fenton-生物联用技术处理难降解废水研究进展[J]. 化工进展, 29(7): 1343-1349.

范明霞, 皮科武, 龙毅, 等, 2009. 吸附法处理焦化废水的研究进展[J]. 环境科学与技术, 32(4): 102-106.

胡卫强, 2012. 印染废水治理的现状及未来[J]. 农业与技术, 32(5): 183-184.

李雅婕, 王平, 2006. 生物技术在印染废水处理工艺中的应用[J]. 工业水处理, 26(5): 14-17.

李章良, 黄建辉, 郑盛春, 2013. 超声-Fenton 联用技术深度处理皮革综合废水生化出水[J]. 环境工程学报, 7(6): 2038-2044.

芦春梅, 李增文, 姜桂兰, 2005. 活性秸秆炭素吸附-化学氧化法在印染废水处理中的应用研究[J]. 工业水处理, 25(5): 56-58.

毛燕芳, 2012. 印染废水处理概况与研究进展[J]. 上海水务, 28(4): 31-34.

孟范平, 易怀昌, 2009. 各种吸附材料在印染废水处理中的应用[J]. 材料导报, 23(7): 69-73.

曲晶心, 陈均志, 2009. 空气吹脱法脱除废水中二甲胺的影响因素研究[J]. 水处理技术, (12): 88-90.

孙建兵, 李雪莲, 倪吾钟, 2011. 炭化污泥吸附染料的性能及其在处理印染废水中的应用[J]. 环境工程学报, 5(6): 1278-1282.

王代芝, 2009. 絮凝沉降/粉煤灰吸附法处理印染废水[J]. 印染助剂, 26(4): 32-34.

王红琴, 刘勇健, 2012. 非均相 Fenton 和非均相 US-Fenton 体系中甲基橙降解动力学[J]. 环境工程学报, 6(10): 3673-3678.

王湖坤, 任静, 2008. 吸附-氧化联合法处理印染废水的研究[J]. 印染助剂, 25(2): 28-30.

杨春维, 王栋, 王坤, 等, 2011. 非均相 Fenton 反应催化剂的制备及其催化性能[J]. 化工环保, 31(6): 557-560.

尹玉玲, 肖羽堂, 朱莹佳, 2009. 电 Fenton 法处理难降解废水的研究进展[J]. 水处理技术, 35(3): 5-9.

由波, 2011. 非均相 Fenton 体系处理不同结构活性染料废水的研究[J]. 黑龙江科技信息, (25): 41.

于艳, 宗小华, 2013. 浅谈我国水资源管理中存在的问题及对策[J]. 科技与企业, (9): 148.

郁章玉, 齐丽云, 秦梅, 等, 2004. 甲苯-乙醇介质中二茂铁催化分解过氧化氢机理的探讨[J]. 应用化学, 21(1): 41-43.

曾君丽, 邵友元, 易筱筠, 2011. 含铬电镀废水的处理技术及其发展趋势[J]. 东莞理工学院学报, 18(5): 89-93.

张德莉, 黄应平, 罗光富, 等, 2006. Fenton 及 photo-Fenton 反应研究进展[J]. 环境化学, 25(2): 121-127.

张淑娟, 陈啸剑, 吴婉娥, 等, 2013. 微波强化 Fenton 降解偏二甲肼废水[J]. 含能材料, 21(4): 455-459.

张亚平, 韦朝海, 吴超飞, 2006. 光 Fenton 反应的 Ce-Fe/Al$_2$O$_3$ 催化剂制备及性能表征[J]. 中国环境科学, 26(3): 320-323.

张志鹏, 方卫, 2013. 试论环境保护对经济发展的促进作用[J]. 生产力研究, (8): 24-26.

张自杰, 2000. 排水工程[M]. 北京: 中国建筑工业出版社.

赵超, 2007. 异相 photo-Fenton 光催化降解有机污染物[D]. 武汉: 华中师范大学.

郑展望, 雷乐成, 邵振华, 等, 2004. UV/Fenton 反应体系 Fe^{2+}固定化技术及催化反应工艺研究[J]. 高校化学工程学报, 18(6): 739-744.

中国皮革网, 2019. http://www.chinaleather.org/front/article/109598/4. [2019-10-09].

Acero J L, Benítez F J, Real F J, et al., 2001. Degradation of p-hydroxyphenylacetic acid by photoassisted Fenton reaction[J]. Water Science and Technology, 44(5): 31-38.

Amer W A, Wang L, Amin A M, et al., 2010. Recent progress in the synthesis and applications of some ferrocene derivatives and ferrocene-based polymers[J]. Journal of Inorganic & Organometallic Polymers & Materials, 20(4): 605-615.

Batterjee S M, Marzouk M I, Aazab M E, et al., 2003. The electrochemistry of some ferrocene derivatives: redox potential and substituent effects[J]. Applied organometallic Chemistry, 17(5): 291-297.

Barredo-Damas S, Alcaina-Miranda M I, Iborra-Clar M I, et al., 2006. Study of the UF process as pretreatment of NF membranes for textile wastewater reuse[J]. Desalination, 200(1-3): 745-747.

Baskaralingam P, Pulikesi M, Elango D, et al., 2006. Adsorption of acid dye onto organobentonite[J]. Journal of Hazardous Materials, 128(2-3): 138-144.

Buxton G V, Greenstock C L, Helman W P, et al., 1988. Critical review of rate constants for reactions of hydrated electrons, hydrogen atoms and hydroxyl radicals (·OH/·O$^-$) in aqueous solution[J]. Journal of Physical and Chemical Reference Data, 17(2): 513-886.

Chen J X, Zhu L Z, 2006. Catalytic degradation of Orange II by UV-Fenton with hydroxyl-Fe-pillared bentonite in water[J]. Chemosphere, 65(7): 1249-1255.

Colacot T J, Hosmane N S, 2005. Organometallic sandwich compounds in homogeneous catalysis: An overview[J]. Zeitschrift für Anorganische und Allgemeine Chemie, 631(13-14): 2659-2668.

Cunnane V J, Geblewicz G, Schiffrin D J, 2005. Electron and ion transfer potentials of ferrocene and derivatives at a liquid-liquid interface[J]. Electrochimica Acta, 40(18): 3005-3014.

Daud N K, Hameed B H, 2011. Acid Red 1 dye decolorization by heterogeneous Fenton-like reaction using Fe/kaolin catalyst[J].

Desalination, 269 (1-3): 291-293.

Duesterberg C K, Mylon S E, Waite T D, 2008. pH effects on iron-catalyzed oxidation using Fenton's reagent[J]. Environmental Science & Technology, 42 (22): 8522-8527.

El Qada E N, Allen S J, Walker G M, 2008. Adsorption of basic dyes from aqueous solution onto activated carbons[J]. Chemical Engineering Journal, 135 (3): 174-184.

Fan X Q, Hao H Y, Shen X X, et al., 2011. Removal and degradation pathway study of sulfasalazine with Fenton-like reaction[J]. Journal of Hazardous Materials, 190 (1-3): 493-500.

Feng J Y, Hu X J, Yue P L, 2005. Discoloration and mineralization of Orange II by using a bentonite clay-based Fe nanocomposite film as a heterogeneous photo-Fenton catalyst[J]. Water Research, 39 (1): 89-96.

Feng J Y, Hu X J, Yue P L, 2006. Effect of initial solution pH on the degradation of Orange II using clay-based Fe nanocomposites as heterogeneous photo-Fenton catalyst[J]. Water Research, 40 (4): 641-646.

Fenton H J H, 1894. Oxidation of tartaric acid in the presence of iron[J]. Journal of the Chemical Society, Transactions, 65: 899-910.

Fernandez J, Bandara J, Lopez A, 1999. Photoassisted Fenton degradation of nonbiodegradable azo dye (Orange II) in Fe-free solutions mediated by cation transfer membranes[J]. Langmuir, 15 (1): 185-192.

Fisher-Vanden K, Olmstead S, 2013. Moving pollution trading from air to water: potential, problems, and prognosis[J]. The Journal of Economic Perspectives, 27 (1): 147-171.

Fockedey E, Van Lierde A, 2002. Coupling of anodic and cathodic reactions for phenol electro-oxidation using three-dimensional electrodes[J]. Water Research, 36 (16): 4169-4175.

Fouda M F R, Abd-Elzaher M M, Abdelsamaia R A, et al., 2007. On the medicinal chemistry of ferrocene[J]. Applied Organometallic Chemistry, 21 (8): 613-625.

Glaze W H, Kang J W, Chapin D H, 1987. The chemistry of water treatment processes involving ozone, hydrogen peroxide and ultraviolet radiation[J]. Ozone: Science & Engineering, 9 (4): 335-352.

Golob V, Vinder A, Simonič M, 2005. Efficiency of the coagulation/flocculation method for the treatment of dyebath effluents[J]. Dyes and Pigments, 67 (2): 93-97.

He Z Q, Gao C, Qian M Q, 2014. Electro-Fenton process catalyzed by Fe_3O_4 magnetic nanoparticles for degradation of C. I. reactive blue 19 in aqueous solution: Operating conditions, influence, and mechanism[J]. Industrial & Engineering Chemistry Research, 53 (9): 3435-3447.

Heckert E G, Seal S, Self W T, 2008. Fenton-like reaction catalyzed by the rare earth inner transition metal cerium[J]. Environmental Science & Technology, 42 (13): 5014-5019.

Hsueh C L, Huang Y H, Wang C C, et al., 2006. Photoassisted fenton degradation of nonbiodegradable azo-dye (Reactive Black 5) over a novel supported iron oxide catalyst at neutral pH[J]. Journal of Molecular Catalysis A: Chemical, 245 (1-2): 78-86.

Ince N H, Tezcanh G, 1999. Treatability of textile dye-bath effluents by advanced oxidation: preparation for reuse[J]. Water Science and Technology, 40 (1): 183-190.

Kang S F, Liao C H, Po S T, 2000. Decolorization of textile wastewater by photo-fenton oxidation technology[J]. Chemosphere, 41 (8): 1287-1294.

Lee J W, Choi S P, Thiruvenkatachari R, et al., 2006. Submerged microfiltration membrane coupled with alum coagulation/powdered activated carbon adsorption for complete decolorization of reactive dyes[J]. Water Research, 40 (3): 435-444.

Liu J G, Diamond J, 2005. China's environment in a globalizing word[J]. Nature, 435 (30): 1179-1186.

Lu M C, Chen J N, Chang C P, 1999. Oxidation of dichlorvos with hydrogen peroxide using ferrous ions as catalyst[J]. Journal of Hazardous Materials, 65(3): 277-288.

Luo M X, Lv L P, Deng G W, et al., 2014. The mechanism of bound hydroxyl radical formation and degradation pathway of Acid Orange II in Fenton-like Co^{2+}- HCO_3^- system[J]. Applied Catalysis A: General, 469: 198-205.

Ma J H, Song W J, Chen C C, et al., 2005. Fenton degradation of organic compounds promoted by dyes under visible irradiation[J]. Environmental Science & Technology, 39(15): 5810-5815.

Mahmoodi N M, Arami M, Limaee N Y, et al., 2005. Decolorization and aromatic ring degradation kinetics of Direct Red 80 by UV oxidation in the presence of hydrogen peroxide utilizing TiO_2 as a photocatalyst[J]. Chemical Engineering Journal, 112(1-3): 191-196.

Michael B F, Kara L N, 2014. Inactivation of escherichia coli by polychromatic simulated sunlight: evidence for and implications of a Fenton mechanism involving iron, hydrogen peroxide, and superoxide[J]. Applied and Environmental Microbiology, 80(3): 935-942.

Moraes J E F, Quina F H, Nascimento C A O, et al., 2004. Treatment of saline wastewater contaminated with hydrocarbons by the photo-Fenton process[J]. Environmental Science & Technology, 38(4): 1183-1187.

Navalon S, Martin R, Alvaro M, et al., 2010. Gold on diamond nanoparticles as a highly efficient Fenton catalyst[J]. Angewandte Chemie International Edition, 49(45): 8403-8407.

Navalon S, Miguel M D, Martin R, et al., 2011. Enhancement of the catalytic activity of supported gold nanoparticles for the Fenton reaction by light[J]. Journal of the American Chemical Society, 133(7): 2218-2226.

Neyens E, Baeyens J, 2003. A review of classic Fenton's peroxidation as an advanced oxidation technique[J]. Journal of Hazardous Materials, 98(1-3): 33-50.

Nguyen T D, Phan N H, Do M H, et al., 2011. Magnetic Fe_2MO_4(M: Fe, Mn) activated carbons: fabrication, characterization and heterogeneous Fenton oxidation of methyl orange[J]. Journal of Hazardous Materials, 185(2-3): 653-661.

Peña L A, Seidl A J, Cohen L R, et al., 2009. Ferrocene/ferrocenium ion as a catalyst for the photodecomposition of chloroform[J]. Transition Metal Chemistry, 34(2): 135-141.

Pignatello J J, Oliveros E, Mackay A, 2006. Advanced oxidation processes for organic contaminant destruction based on the fenton reaction and related chemistry[J]. Critical Reviews in Environmental Science and Technology, 36(1): 1-84.

Rodriguez M L, Timokhin V I, Contreras S, et al., 2003. Rate equation for the degradation of nitrobenzene by 'Fenton-like' reagent[J]. Advances in Environmental Research, 7(2): 583-595.

Segura Y, Martínez F, Melero J A, 2013. Effective pharmaceutical wastewater degradation by Fenton oxidation with zero-valent iron[J]. Applied Catalysis B: Environmental, 136-137: 64-69.

Selli E, 2002. Synergistic effects of sonolysis combined with photocatalysis in the degradation of an azo dye[J]. Physical Chemistry Chemical Physics, 4(24): 6123-6128.

Shannon M A, Bohn P W, Elimelech M, et al., 2008. Science and technology for water purification in the coming decades[J]. Nature, 452(20): 301-310.

Sontakke S, Modak J, Madras G, 2011. Effect of inorganic ions, H_2O_2 and pH on the photocatalytic inactivation of Escherichia coli with silver impregnated combustion synthesized TiO_2 catalyst[J]. Applied Catalysis B: Environmental, 106(3-4): 453-459.

Soon A N, Hameed B H, 2011. Heterogeneous catalytic treatment of synthetic dyes in aqueous media using Fenton and photo-assisted Fenton process[J]. Desalination, 269(1-3): 1-16.

Stefan H B, Esther O, Sabine G, et al., 1998. New evidence against hydroxyl radicals as reactive intermediates in the thermal and photochemically enhanced Fenton reactions [J]. Journal of Physical Chemistry A, 102(28): 5542-5550.

Stefan M I, Hoy A R, Bolton J R, 1996. Kinetics and mechanism of the degradation and mineralization of acetone in dilute aqueous solution sensitized by the UV photolysis of hydrogen peroxide[J]. Environmental Science & Technology, 30(7): 2382-2390.

Štěpnička P, 2008. Ferrocenes: ligands, materials and biomolecules[M]. New York: John Wiley & Sons Ltd.

Sugawara T, Kawashima N, Murakami T N, 2011. Kinetic study of Nafion degradation by Fenton reaction[J]. Journal of Power Sources, 196(5): 2615-2620.

Tsai T T, Kao C M, 2009. Treatment of petroleum-hydrocarbon contaminated soils using hydrogen peroxide oxidation catalyzed by waste basic oxygen furnace slag[J]. Journal of Hazardous Materials, 170(1): 466-472.

Tünay O, Kabdasli I, Eremektar G, et al., 1996. Color removal from textile wastewaters[J]. Water Science and Technology, 34(11): 9-16.

Utset B, Garcia J, Casado J, et al., 2000. Replalcement of H_2O_2 by O_2 in Fenton and photo-Fenton reactions[J]. Chemosphere, 41(8): 1187-1192.

Vilhunen S, Sillanpää M, 2010. Recent developments in photochemical and chemical AOPs in water treatment: a mini-review[J]. Reviews in Environmental Science and Bio/Technology, 9(4): 323-330.

Walling C, 1975. Fenton's reagent revisited[J]. Accounts of Chemical Research, 8(4): 125-131.

Wang Q, Gao B Y, Wang Y, et al., 2011. Effect of pH on humic acid removal performance in coagulation‐ultrafiltration process and the subsequent effects on chlorine decay[J]. Separation and Purification Technology, 80(3): 549-555.

Wang X J, Gu X Y, Lin D X, et al., 2007. Treatment of acid rose dye containing wastewater by ozonizing-biological aerated filter[J]. Dyes and Pigments, 74(3): 736-740.

Wang Y B, Zhao H Y, Li M F, et al., 2014. Magnetic ordered mesoporous copper ferrite as a heterogeneous Fenton catalyst for the degradation of imidacloprid[J]. Applied Catalysis B: Environmental, 147: 534-545.

Wu Z C, Zhou M H, Wang D H, 2002. Synergetic effects of anodic-cathodic electrocatalysis for phenol degradation in the presence of iron(II)[J]. Chemosphere, 48(10): 1089-1096.

Zazo J A, Casas J A, Mohedano A F, et al., 2005. Chemical pathway and kinetics of phenol oxidation by Fenton's reagent[J]. Environmental Science & Technology, 39(23): 9295-9302.

Zhong Y H, Liang X L, He Z S, et al., 2014. The constraints of transition metal substitutions (Ti, Cr, Mn, Co and Ni) in magnetite on its catalytic activity in heterogeneous Fenton and UV/Fenton reaction: From the perspective of hydroxyl radical generation[J]. Applied Catalysis B: Environmental, 150-151: 612-618.

第 2 章　二茂铁催化的类 Fenton 体系对印染废水中有机物的降解效能

均相 Fenton 反应具有反应速度快、反应条件温和等特点，可无选择性地氧化去除体系中的有机污染物。其弊端是反应中所使用的 Fe^{2+} 在反应后难以回收利用，造成试剂的浪费；反应后生成的铁泥会造成二次污染，对管道也有一定的腐蚀和堵塞。为解决均相 Fenton 反应的上述问题，非均相 Fenton 反应应运而生，并成为近年来的研究热点。开发新型、高效、稳定性强、廉价易得的催化剂是非均相 Fenton 技术的关键。现有的非均相 Fenton 催化剂主要有两类：①铁矿石、磁性 Fe_2O_3 等附体催化剂；②负载型催化剂。目前用于催化剂制备的载体主要分为有机载体(如 Nafion 板或膜、SBA-15 分子筛、MCM-41、树脂等)和无机载体(如沸石分子筛、石英砂、碳纤维、膨润土等)两类。负载型催化剂的弊端是制备过程复杂、成本较高，且其催化的非均相 Fenton 反应通常需要引入紫外光和超声波等外部能量辅助，提高了成本。

为了解决负载型催化剂负载量低的问题，本章以二茂铁(ferrocene，Fc)为催化剂构建非均相类 Fenton 体系，考察二茂铁的电化学特性，并以亚甲基蓝为目标污染物研究二茂铁的催化性能，重点考察影响 Fenton 反应效能的主要因素，如 pH、污染物浓度、催化剂浓度、H_2O_2 浓度、反应温度等，以此为 Fc/H_2O_2 体系的构建及应用提供理论依据。

2.1　二茂铁催化的类 Fenton 氧化法降解亚甲基蓝的性能

2.1.1　二茂铁的氧化还原可逆特性

Fenton 体系中，H_2O_2 分解所需的催化剂需具备氧化还原可逆特性，通过循环伏安法，对 H_2O_2 存在时二茂铁的电子转移情况和氧化还原峰电流进行研究，以判定二茂铁的氧化还原可逆特性。

使用乙醇做溶剂，$0.1mmol·L^{-1}$ Li_2SO_4 溶液做支持电解质，玻碳电极作为助电极，铂片电极作为工作电极和参比电极测定二茂铁的电化学特性，所使用的装置如图 2-1 所示。装置置于恒温水浴中，恒定 30℃，且在反应前通入 N_2 以排除体系中和溶液中的 O_2，整个测定过程保持 N_2 氛围。结果如图 2-2 所示，由曲线 a 可知，H_2O_2 在乙醇溶液中的循环伏安曲线没有氧化峰和还原峰出现，说明 H_2O_2 没有氧化还原可逆特性，在乙醇溶液中不能得失电子。而曲线 b 中，H_2O_2 存在时，二茂铁的循环伏安曲线中有一对氧化还原峰，且氧化还原电位的差值为 179mV，氧化还原电流的比值约为 1。理论上讲，循环伏安曲线中，氧化还原电位差值为 60～70mV 表明物质具有循环可逆特性，但是该数值在实际的实验中极少出现，原因有二：①溶液的电阻增加了电极表面电子的无序性和混乱程度；②数据处理软件对尖锐数据点的平滑处理（Gosser，1994）。图 2-2 结果表明 H_2O_2 存在时，二茂铁具有氧化还原可逆特性，可以得失一个电子，在 Fc 和 Fc^+ 之间转变。

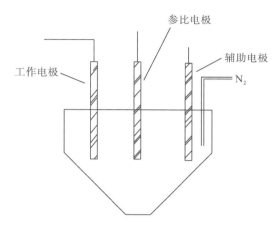

图 2-1　电化学法测定二茂铁氧化还原可逆特性装置示意图

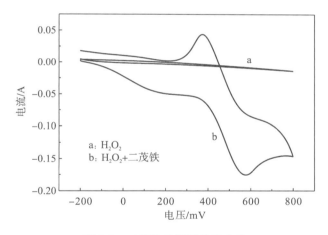

图 2-2　二茂铁的循环伏安曲线

2.1.2　二茂铁催化非均相类 Fenton 反应氧化亚甲基蓝的性能及过程机制

通过研究亚甲基蓝（MB）在 H_2O_2 体系、Fc 体系和 Fc/H_2O_2 体系中的降解情况，证实二茂铁在非均相 Fenton 体系中的催化性能。反应条件为 pH＝4、30℃、二茂铁浓度为 $0.372g \cdot L^{-1}$、H_2O_2 浓度为 $23.58mmol \cdot L^{-1}$、无光照，结果如图 2-3 所示。在 H_2O_2 体系中，反应 120min 时体系中亚甲基蓝的剩余率为 91.20%，这是由于 H_2O_2 属于中等强度的氧化剂，其氧化还原电位为 1.78V（邓南圣和吴峰，2003；孙德智等，2002），但仍不足以有效地氧化降解亚甲基蓝；同时，该结果还表明亚甲基蓝具有一定的抗氧化性，可以在弱氧化剂存在时，保持自身的结构而不被氧化降解。在 Fc 体系中，反应 120min 时，亚甲基蓝的剩余率为 94.98%，这是二茂铁颗粒对亚甲基蓝的吸附作用所致。在 Fc/H_2O_2 体系中，随着反应时间的增加，体系中亚甲基蓝的浓度显著降低。反应开始 30min，体系中亚甲基蓝有较快的去除速率，并且在反应 120min 时，体系中亚甲基蓝的去除率可达到 100%。理论上有三种原因可导致亚甲基蓝浓度降低：①投加到体系中的二茂铁颗粒吸附了少量的亚甲基蓝分子；②H_2O_2 对亚甲基蓝的氧化；③二茂铁催化的非均相 Fenton 反应产生了具有强氧化性的自由基，氧化降解了体系中的亚甲基蓝。图 2-3 的结果证明，H_2O_2 和 Fc 构成的非均相 Fenton 体系对水溶液中的亚甲基蓝有去除作用，但 H_2O_2 和 Fc 单独存在时，亚甲基蓝的去除率较低，由此可判断 Fc/H_2O_2 体系对亚甲基蓝的去除作用主要来源于 H_2O_2 的氧化和 Fc 的吸附作用。

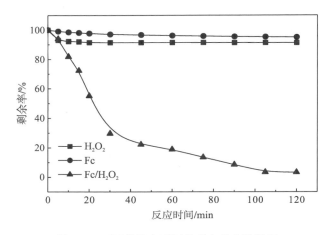

图 2-3　亚甲基蓝在不同体系中的去除情况

在 Fc/H_2O_2 体系中，亚甲基蓝在反应 120min 后可以完全去除。可见体系中生成了强氧化性的物质。本章采用 KI 和 NaN_3 作为自由基的捕获剂，考察体系中产生的自由基的种类。KI 捕获的是催化剂表面的·OH，NaN_3 捕获的是溶液中的活性氧自由基和溶液中的·OH（田森林等，2008）。实验结果如图 2-4 所示。由图 2-4 可见，在不投加任何

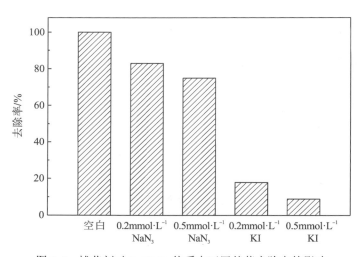

图 2-4　捕获剂对 Fc/H_2O_2 体系中亚甲基蓝去除率的影响

捕获剂的空白组中，反应 120min 后亚甲基蓝的去除率为 100%。在相同的反应条件下，向体系中分别投加一定量的 KI，当 KI 的浓度为 0.2mmol·L^{-1} 时，亚甲基蓝的去除率从 100% 下降到 18.03%，随着 KI 的浓度从 0.2mmol·L^{-1} 增加到 0.5 mmol·L^{-1}，亚甲基蓝的去除率降低到 9.14%。而向溶液中分别投加 0.2mmol·L^{-1} 和 0.5mmol·L^{-1} 的 NaN$_3$ 时，体系中亚甲基蓝的去除率分别为 83.26% 和 75.41%。由此可见，Fc/H$_2$O$_2$ 体系中产生的强氧化性物质有活性氧自由基和·OH 两种，但发挥作用的主要是·OH。Fc 可以催化 H$_2$O$_2$ 分解产生·OH，Fc/H$_2$O$_2$ 体系对亚甲基蓝有较好的降解作用。

为进一步证实 Fc/H$_2$O$_2$ 体系对亚甲基蓝的降解效果，将 Fc/H$_2$O$_2$ 体系与传统的 Fe^{2+}/H$_2$O$_2$ 和 Fe^{3+}/H$_2$O$_2$ 体系进行对比，结果如图 2-5 所示。结果表明：Fe^{2+}/H$_2$O$_2$ 体系中亚甲基蓝的降解速率最快，Fe^{3+}/H$_2$O$_2$ 体系次之，Fc/H$_2$O$_2$ 体系中亚甲基蓝的降解速率最慢，但在反应 120min 后，体系中的亚甲基蓝剩余率均为 0。这说明 Fe^{2+} 催化 H$_2$O$_2$ 分解产生·OH 的效率最高，Fe^{3+} 次之，Fc 最低。分析其原因是：二茂铁催化 H$_2$O$_2$ 分解的能力弱于 Fe^{2+} 和 Fe^{3+}；Fe^{2+} 和 Fe^{3+} 溶解在溶液中，与反应介质的接触率较大，而二茂铁是颗粒状，在反应过程中悬浮于溶液中，与反应介质的接触率较小。

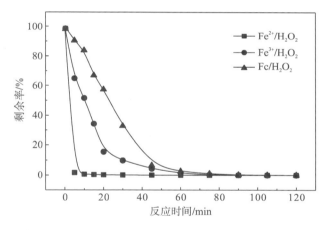

图 2-5　Fe^{2+}、Fe^{3+}、Fc 催化的三种 Fenton 体系对亚甲基蓝降解效果的比较

（pH=2、30℃、亚甲基蓝浓度为 10mol·L^{-1}、二茂铁浓度为 1.6×10^{-3}mol·L^{-1}、[H$_2$O$_2$]/[MB]=3.14）

二茂铁和 H$_2$O$_2$ 构成的是非均相 Fenton 体系，二茂铁作为固体催化剂，对体系中的亚甲基蓝有一定的吸附作用，且二茂铁不溶于水，易溶于有机溶剂。在 pH＝3、30℃、二茂铁浓度为 0.372g·L^{-1}、亚甲基蓝浓度为 10mg·L^{-1}、[H$_2$O$_2$]/[MB]＝3.17 条件下，通过建立吸附+均相 Fenton（A+C）体系和吸附、溶解态二茂铁催化的均相 Fenton 反应以及二茂铁颗粒催化的非均相 Fenton 反应同时进行的（A/C）体系，研究了二茂铁的吸附作用、溶解态二茂铁催化的均相 Fenton 反应和固态二茂铁催化的非均相 Fenton 反应对亚甲基蓝去除的贡献情况，其结果如图 2-6 所示，在 A+C 体系中，黑暗条件下反应 120min 后，二茂铁对亚甲基蓝的吸附去除率为 12%。将反应液进行过滤，去除体系中悬浮的二茂铁颗粒，然后向体系中投加一定量的 H$_2$O$_2$，并以此作为溶解态二茂铁催化的均相 Fenton 反应的开始。随着反应的进行，体系中的亚甲基蓝逐渐减少。历经 120min 暗吸附和 120min 均相 Fenton 催

化，体系中的亚甲基蓝的剩余率为 71.16%。在相同的反应条件下，A/C 体系中，亚甲基蓝有较快的去除速率，反应进行 45min 后，体系中亚甲基蓝的剩余率为 9%，此时反应已经基本达到平衡；反应 120min 后，体系中亚甲基蓝的剩余率为 2.1%。此过程中二茂铁的溶解情况如图 2-7 所示，随着反应的进行，二茂铁会发生少量的溶解。反应开始后，二茂铁以较快的速率溶解，反应 30min 时溶液中二茂铁的浓度为 0.98×10^{-5} mol·L^{-1}。此后，二茂铁的溶解速率降低，至反应 120min 时，溶液中二茂铁的浓度为 1.8×10^{-5} mol·L^{-1}，此时，溶解态的二茂铁仅占其投加量的 0.9%。这也说明了二茂铁在其催化的类 Fenton 体系中有较好的稳定性。

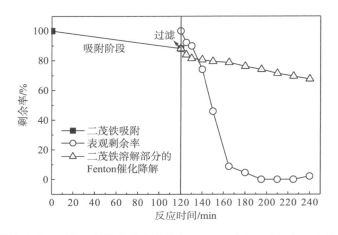

图 2-6　二茂铁吸附、固态二茂铁催化的非均相 Fenton 反应、溶解态二茂铁催化的均相
Fenton 反应对 Fc/H$_2$O$_2$ 体系中亚甲基蓝的去除率

2.1.3　Fc/H$_2$O$_2$ 体系中二茂铁的稳定性

本节在 pH＝4、30℃、亚甲基蓝浓度为 10mg·L^{-1}、二茂铁浓度为 0.372g·L^{-1}、H$_2$O$_2$ 浓度为 23.58mmol·L^{-1} 的情况下考察了二茂铁在非均相 Fenton 体系中的稳定性，其结果如图 2-7 所示。

结果表明，随着反应的进行，溶解态二茂铁的浓度逐渐升高，这表明随着反应的进行，二茂铁逐渐溶解。反应 120min 后，测得的溶解态二茂铁浓度为 1.8×10^{-5} mol·L^{-1}，以此浓度作为均相 Fenton 体系中二茂铁的量，结合图 2-6 中各体系对亚甲基蓝去除率的贡献，粗略估计二茂铁的催化能力并进行比较。结合二茂铁的溶解情况和体系中不同反应对亚甲基蓝去除情况的贡献可得，1mol 二茂铁颗粒催化的均相 Fenton 反应可降解 3.29g 亚甲基蓝，而 1mol 溶解态二茂铁催化的均相 Fenton 反应可以降解约 104.5g 亚甲基蓝。可知，溶解态二茂铁的催化效率远高于固态二茂铁。由此可知，随着二茂铁溶解量的增加，溶液中均相 Fenton 反应的作用逐渐增大，而溶解态二茂铁催化均相 Fenton 反应的效率远远高于固态二茂铁催化非均相 Fenton 反应的效率，使得溶液中羟基自由基的表观生成速率增加，亚甲基蓝的去除速率增加。这是由于：①有效表面积是评价催化剂性能的重要因素之一，固体二茂铁颗粒悬浮在溶液中，发挥作用的仅是与溶液接触的表面部分，溶解态的二茂铁可以视为悬浮于溶液中的二茂铁分子，分子表面积之和远大于二茂铁颗粒的表面积，这使得二茂铁与反应介质的接触率增大，体系的效能增强；②二茂铁颗粒对溶液中的亚甲基蓝有一定吸附作用，溶液中亚甲基蓝吸附于二茂铁颗粒表面，会覆盖部分催化活性位点，使其与 H_2O_2 和溶液中亚甲基蓝的接触率降低，影响了二茂铁颗粒的催化效率。

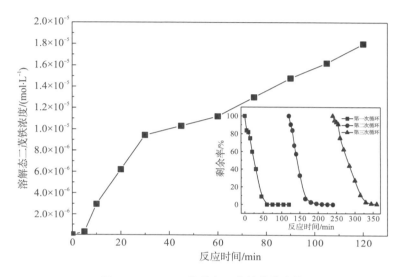

图 2-7　Fc/H_2O_2 体系中二茂铁的稳定性

反应结束后，过滤出体系中的二茂铁颗粒，用超纯水冲洗干净，并在室温下烘干，用于后续反应中循环使用。当二茂铁颗粒的第一次、二次和三次循环用于非均相 Fenton 体系时，体系中亚甲基蓝的降解情况如图 2-7 所示。结果表明，反应 120min 后对应的亚甲基蓝的剩余率分别为 0、0 和 0.5%。这说明二茂铁在非均相 Fenton 体系中具有较好的稳定性和催化能力，且回收后重复利用的二茂铁仍有较好的催化活性。

此外，还考察了不同 pH 对二茂铁催化过程稳定性的影响，结果如图 2-8 所示。结果表明，体系中的二茂铁随着反应的进行逐渐溶解，在反应的前 30min 溶解较快。反应 120min 后，pH 为 2、3、4、5 时，体系中溶解态二茂铁的浓度分别为 $1.65×10^{-5}$mol·L^{-1}、$2.15×10^{-5}$mol·L^{-1}、$1.8×10^{-5}$mol·L^{-1}、$1.0×10^{-5}$mol·L^{-1}。反应溶液的 pH 对二茂铁溶解的影响情况与表 2-1 中呈现的均相 Fenton 反应对亚甲基蓝的去除率一致。这也进一步证实了溶解态二茂铁催化的均相 Fenton 反应对亚甲基蓝的去除效率高于固态二茂铁催化的非均相 Fenton 反应，溶解态二茂铁的催化效率比固态二茂铁的催化效率高。

综上所述，Fc/H_2O_2 反应的机制是二茂铁催化 H_2O_2 分解产生羟基自由基，氧化水体中的污染物，反应式为

$$Fc + H_2O_2 \longrightarrow Fc^+ + \cdot OH + OH^- \tag{2-1}$$

$$2Fc^+ + H_2O_2 \longrightarrow 2Fc + O_2 + 2H^+ \tag{2-2}$$

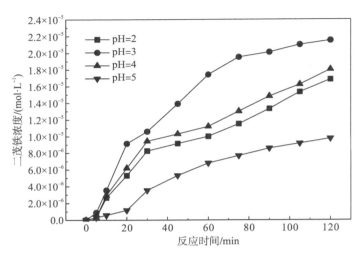

图 2-8　pH 对二茂铁溶解的影响

2.1.4　影响 Fc/H₂O₂ 体系氧化性能的主要环境因素

1. pH 的影响

溶液的 pH 是影响 Fenton 体系效能的重要因素之一。已有研究表明，pH 对 Fenton 体系的效能有较大影响（Yeh et al.，2004；Yu et al.，2014），且传统的 Fenton 体系仅在 pH ＝2～4 时有较好的处理效果。为了考察 pH 对二茂铁非均相 Fenton 体系效能的影响，本节在亚甲基蓝浓度为 10mg·L^{-1}、二茂铁浓度为 0.372g·L^{-1}、[H₂O₂]/[MB]=3.17、30℃的条件下考察了 pH＝2～9 时亚甲基蓝的去除情况，结果如图 2-9 所示。

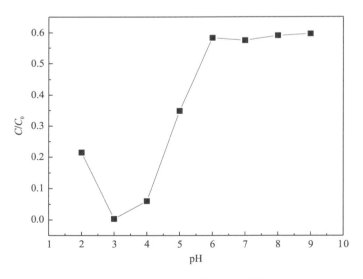

图 2-9　pH 对 Fc/H₂O₂ 体系效能的影响

当溶液的浓度为 $10mg·L^{-1}$、二茂铁浓度为 $0.372g·L^{-1}$、$[H_2O_2]/[MB]=3.17$、溶液的 pH 为 2～9 时，随着反应的进行，体系中亚甲基蓝的浓度逐渐降低。反应 120min 后，体系中亚甲基蓝的剩余率分别为 21.6%、0.3%、6.1%、34.8%、58.3%、57.4%、59.0%和 59.5%。可见 pH 为 2～5 时，二茂铁非均相 Fenton 体系对亚甲基蓝具有较好的去除效果。

为深入考察 pH 对亚甲基蓝降解的影响，在亚甲基蓝浓度为 $10mg·L^{-1}$、二茂铁浓度为 $0.372g·L^{-1}$、$[H_2O_2]/[MB]=3.17$、30℃的条件下考察了 pH 为 2～5 时亚甲基蓝溶液的 COD 去除情况，结果如图 2-10 所示。由图可以看出，在 pH＝2～5 时，随着反应的进行，亚甲基蓝溶液的 COD 含量逐渐降低。反应的前 20 min，COD 的去除速率较快，且 pH 的变化对亚甲基蓝溶液的 COD 去除影响较小。120min 后，COD 的剩余率依次为 38.0%、36.2%、37.1%和 39.0%。pH＝3～4 为二茂铁催化非均相 Fenton 反应的最佳条件，但体系中 COD 的去除率远小于亚甲基蓝的去除率，这表明体系中的亚甲基蓝在反应 120min 后并未完全分解，而是生成了无色的小分子中间产物，这将在第 5 章进行系统的研究。

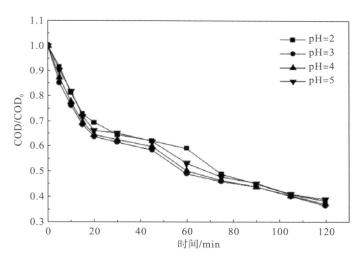

图 2-10　pH 对 Fc/H_2O_2 体系中亚甲基蓝溶液 COD 去除的影响

由图 2-6 可知，Fc/H_2O_2 体系中，固态二茂铁催化的非均相 Fenton 反应、溶解态二茂铁催化的均相 Fenton 反应和固态二茂铁对亚甲基蓝的吸附同时进行。为了深入考察 pH 对二茂铁非均相 Fenton 体系效能的影响，本章研究了 pH＝2～5 时，pH 变化对体系中各反应的影响，结果如表 2-1 和图 2-11 所示。

表 2-1　不同 pH 时体系中各反应对亚甲基蓝的去除率

pH	吸附对亚甲基蓝的去除率/%	均相 Fenton 对亚甲基蓝的去除率/%	非均相 Fenton 对亚甲基蓝的去除率/%	表观去除率/%
2	14.07	19.25	58.75	92.07
3	18.30	20.99	60.71	100.00
4	15.81	18.86	64.74	99.41
5	12.06	18.48	66.52	97.06

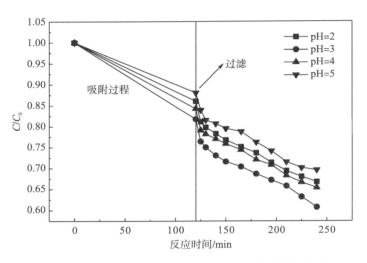

图 2-11　吸附-均相 Fenton 体系中 pH 对亚甲基蓝降解的影响

当 pH＝3 时，反应 120min 后，亚甲基蓝的吸附去除率有最大值（18.30%）。随着 pH 的降低和升高，亚甲基蓝的吸附去除率逐渐降低，pH 为 2、4、5 时，分别为 14.07%、15.81% 和 12.06%。此外，随着反应的进行，体系中的二茂铁逐渐溶解，与体系中的 H_2O_2 形成了均相的 Fenton 反应。均相 Fenton 反应中，催化剂的量和催化活性均对体系的效能有一定影响。如图 2-8 所示，随着反应的进行，溶解态二茂铁的浓度逐渐升高。分析其原因是：①二茂铁投加到亚甲基蓝溶液中后，由于二茂铁的吸附作用，二茂铁颗粒周围的亚甲基蓝的浓度增加；②在二茂铁催化的非均相 Fenton 体系中，亚甲基蓝的降解发生在二茂铁颗粒表面，这促进了体系中二茂铁的溶解（Wang et al.，2014）。如图 2-12 所示，在 pH 为 1～7 时，二茂铁的氧化峰电流（I_{pc}）与还原峰电流（I_{pa}）的比值分别为 0.65、0.78、0.96、0.82、0.60、0.44 和 0.35，由此可见，在 pH 为 3 时，二茂铁的氧化还原峰电流比值最接近于 1，此时，二茂铁具有最佳的氧化还原可逆特性。二茂铁可以在反应过程中失去一个电子，

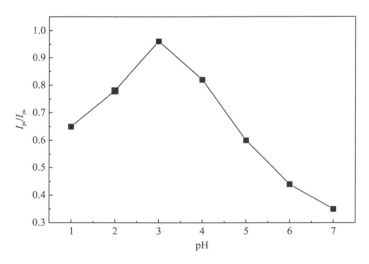

图 2-12　pH 对二茂铁氧化还原峰电流的影响

转变成二茂铁鎓离子(Fc$^+$)，二茂铁鎓离子也能得到一个电子，转化为二茂铁。二茂铁催化体系中的 H$_2$O$_2$ 分解产生羟基自由基氧化降解体系中的污染物。而在 pH 为 3 时，二茂铁具有最强的得失电子能力，实现二茂铁与二茂铁鎓离子间最大限度的转化。这是 pH 为 3 时，亚甲基蓝有最佳去除效果的原因之一。

　　pH＝2～5 时，反应 120min 后，体系中固态二茂铁催化的非均相 Fenton 反应对亚甲基蓝的去除率分别为 58.75%、60.71%、64.74%和 66.52%，同时，二茂铁的表观去除率仅在 pH 为 3 时可以达到 100%。究其原因是在二茂铁催化的非均相 Fenton 体系中，二茂铁催化的非均相 Fenton 反应是降解亚甲基蓝的主要反应，但同时，体系中的二茂铁对亚甲基蓝有一定的吸附作用，可以将体系中的亚甲基蓝吸附到二茂铁颗粒表面，亚甲基蓝的吸附量越大，二茂铁颗粒表面被亚甲基蓝覆盖的面积越大，暴露于反应介质中作为催化剂的二茂铁的反应活性位点越少，越不利于二茂铁催化的非均相 Fenton 反应的进行；另外，二茂铁颗粒周围亚甲基蓝的浓度越高，越有利于二茂铁的溶解，此时体系中均相 Fenton 反应的比例增加；不仅如此，二茂铁在 pH 为 3 时表现出最佳的氧化还原可逆特性和催化特性，在此条件下溶解态二茂铁催化的均相 Fenton 反应表现出最佳的反应效率。由此表明，尽管二茂铁的吸附作用对亚甲基蓝的去除作用很小，几乎可被忽略，但可视吸附作用为 Fc/H$_2$O$_2$ 体系中所有反应的决定步骤，正是由于吸附作用改变了二茂铁颗粒周围亚甲基蓝的浓度，才促进了二茂铁的溶解，吸附到二茂铁颗粒上的亚甲基蓝优先降解，这也在一定程度上促进了二茂铁的溶解。

　　pH 在非均相 Fenton 体系中不仅会影响催化剂的催化性能和体系的效能，也对体系中 H$_2$O$_2$ 的分解和·OH 的产生有一定影响。本节研究了 pH＝2～5 的条件下，Fc 催化的类 Fenton 体系中 H$_2$O$_2$ 的分解和·OH 的产生情况，结果如图 2-13 和图 2-14 所示。可见随着反应的进行，体系中 H$_2$O$_2$ 的分解和亚甲基蓝的去除呈相同趋势。反应 120min 后，体系中 H$_2$O$_2$ 的剩余率分别为 64.16%、44.93%、48.72%和 51.34%。分析其原因有三方面：

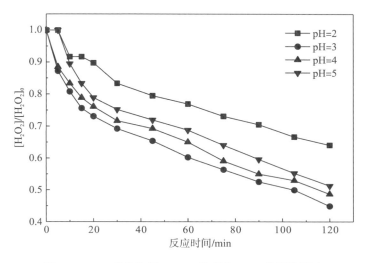

图 2-13　pH 对非均相 Fenton 体系中 H$_2$O$_2$ 分解的影响

①pH=3 时，体系中的二茂铁溶解最多，这无疑提高了体系中溶解态二茂铁催化的均相 Fenton 反应的比例，根据表 2-1 和图 2-8 中 Fc 的溶解状况可计算出，溶解态二茂铁的催化效率是固态二茂铁的 30 倍以上，而 pH=3 时二茂铁的溶解最多，体系中 H_2O_2 有最大的分解率；②由于在 pH=3 时二茂铁有最佳的氧化还原可逆特性(图 2-12)，体系中的二茂铁和二茂铁鎓离子可以实现最大限度的转化，表现出最佳的催化特性；③pH<3 时，体系中有较多的 H^+ 出现，pH>3 时，体系中有较多的 OH^- 出现，二者都会影响反应的化学平衡，阻碍·OH 的产生。

pH=2~5 时，二茂铁催化的非均相 Fenton 体系中·OH 的产生情况如图 2-14 所示。结果表明，随着反应的进行，体系中产生的·OH 的浓度逐渐升高，反应 120min 时，体系中·OH 的浓度分别为 $2.582×10^{-6}g·L^{-1}$、$6.718×10^{-6}g·L^{-1}$、$5.815×10^{-6}g·L^{-1}$ 和 $3.024×10^{-6}g·L^{-1}$。

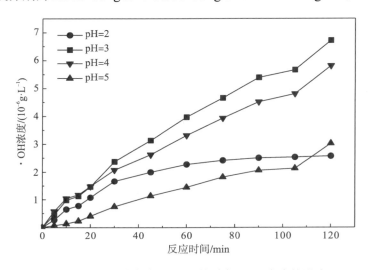

图 2-14　pH 对非均相 Fenton 体系中·OH 产生的影响

2. 亚甲基蓝浓度的影响

本节研究了在 pH=3、二茂铁浓度为 $0.372g·L^{-1}$、$[H_2O_2]/[MB]=3.17$、30℃ 的条件下，亚甲基蓝浓度对 Fc/H_2O_2 体系降解效能的影响。反应 120min 后，亚甲基蓝浓度对 Fc/H_2O_2 体系效能的影响结果如图 2-15 所示。可见，当亚甲基蓝浓度为 $2.5mg·L^{-1}$、$5mg·L^{-1}$ 和 $10mg·L^{-1}$ 时，反应 120min 后，亚甲基蓝去除率均可达到 100%。而在相同的条件下，反应 120min 后，当亚甲基蓝浓度为 $2.5mg·L^{-1}$ 时，COD 去除率为 68.20%。随着亚甲基蓝的浓度增加到 $5mg·L^{-1}$ 和 $10mg·L^{-1}$，COD 去除率分别降低为 66.43% 和 62.12%。究其原因是：①体系中的二茂铁和 H_2O_2 的量固定，则其产生的·OH 的量是一定的，但是体系中的污染物增多，致使 COD 的去除率降低；②体系中污染物的量增多，其分解产生的中间产物的量增多，与亚甲基蓝产生竞争作用，而且某些中间产物可能是·OH 的捕获剂，于是体系中·OH 的量减少，使得 COD 的去除率降低(Ai et al.，2008；Luo et al.，2014)。

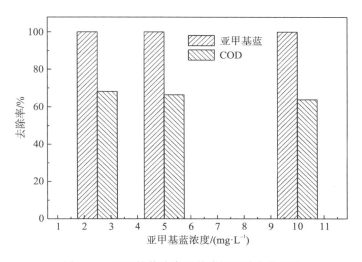

图 2-15　亚甲基蓝浓度对其降解和矿化的影响

3. 二茂铁浓度的影响

二茂铁在体系中用作催化剂，催化 H_2O_2 分解产生·OH，其浓度对反应的速率有一定影响。在传统的 Fenton 体系中，Fe^{2+} 不仅催化 H_2O_2 分解产生·OH，氧化去除水体中的污染物，体系中过量的 Fe^{2+} 还是·OH 的捕获剂(Wang et al.，2013)。当 Fe^{2+} 过量时，由于其捕获作用，体系中·OH 的浓度降低，则其对污染物的去除率降低。为考察 Fc/H_2O_2 体系中二茂铁的浓度对该体系效能的影响，本章设计实验考察了二茂铁浓度在 5～558mg·L^{-1} 范围内时，其对体系中亚甲基蓝去除的影响，实验的基本条件为：30℃、H_2O_2 浓度为 23.58mmol·L^{-1}、pH＝3，实验结果如图 2-16 所示。

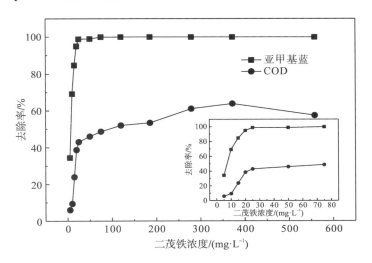

图 2-16　二茂铁浓度对 Fc/H_2O_2 体系效能的影响

随着二茂铁浓度从 5mg·L^{-1} 增加到 25mg·L^{-1}，反应 120min 后，亚甲基蓝去除率有明显的增加，由 34.46%增加到 98.81%。随着二茂铁浓度从 50mg·L^{-1} 继续增加到 558mg·L^{-1}，体系中亚甲基蓝的去除率均在 99.4%～100%的范围内浮动。当体系中二茂铁浓度为 120mg·L^{-1}时，亚甲基蓝去除率达到最大值 100%。同时对 COD 的去除情况进行了考察，结果表明，当二茂铁浓度为 372mg·L^{-1}时，COD 的去除率达到最大值，继续增加二茂铁浓度，COD 的去除率下降。分析这种现象，原因有三种：①二茂铁作为固体催化剂对溶液中的亚甲基蓝有一定吸附作用；②随着二茂铁浓度的增加，体系中的 H$_2$O$_2$ 更多、更快地被催化分解为·OH，加速体系中亚甲基蓝的降解；③二茂铁可溶于有机溶剂，随着二茂铁浓度的增加，溶解的量有所增加，这增加了溶液的 COD 值。由此筛选出二茂铁的最佳浓度为 372mg·L^{-1}。

4. H$_2$O$_2$ 浓度的影响

已有研究考察了 Fenton 体系中 H$_2$O$_2$ 浓度对污染物去除的影响（Kang et al.，1999；Masomboon et al.，2009）。理论上讲，Fenton 体系中，H$_2$O$_2$ 的浓度越高，越有利于污染物的去除。但 H$_2$O$_2$ 不仅是·OH 的来源也是·OH 的捕获剂。当体系中 H$_2$O$_2$ 过量时，H$_2$O$_2$ 分解产生了 O$_2$ 和·OH$_2$，O$_2$ 和·OH$_2$ 的氧化电位值均低于·OH，因此，体系的氧化能力降低。本章考察了 H$_2$O$_2$ 浓度对 Fc/H$_2$O$_2$ 体系效能的影响，基本实验条件为：亚甲基蓝浓度为 10mg·L^{-1}、二茂铁浓度为 0.372g·L^{-1}、溶液的 pH＝3、反应温度为 30℃、H$_2$O$_2$ 的浓度范围是 1.96～120mmol·L^{-1}，结果如图 2-17 所示。

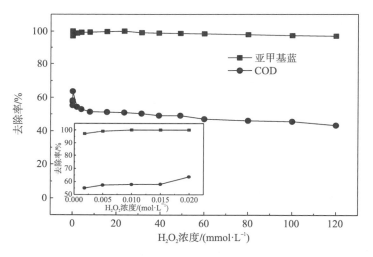

图 2-17　H$_2$O$_2$ 浓度对 Fc/H$_2$O$_2$ 体系效能的影响

当 H$_2$O$_2$ 的浓度从 1.96mmol·L^{-1}增加到 23.58mmol·L^{-1}时，体系中亚甲基蓝的去除率从 97.14%增加到 100%，继续增加体系中 H$_2$O$_2$ 的浓度，Fc/H$_2$O$_2$ 体系的效能开始降低。体系中 COD 的去除率和亚甲基蓝的去除率有相同变化趋势，当溶液中 H$_2$O$_2$ 的浓度增加到 0.12mol·L^{-1}时，体系中亚甲基蓝和 COD 的去除率分别为 96.59%和 45.23%。H$_2$O$_2$ 浓度对 Fc/H$_2$O$_2$ 体系效能的影响在以往的研究成果中也有报道（Masomboon et al.，2009）。究其原因一方面是亚甲基蓝降解的中间产物和尚未降解的亚甲基蓝之间发生竞争作用；另一方面，溶液中过量的 H$_2$O$_2$ 是·OH 的捕获剂，其发生反应产生了 H$_2$O 和·HO$_2$，如式(2-3)～

式 (2-7) 所示。

$$O_2 + e^- \longrightarrow \cdot O_2^- \tag{2-3}$$

$$\cdot O_2^- + H^+ \longrightarrow \cdot HO_2 \tag{2-4}$$

$$\cdot HO_2 + \cdot HO_2 \longrightarrow H_2O_2 + O_2 \tag{2-5}$$

$$\cdot OH + H_2O_2 \longrightarrow H_2O + \cdot OOH \tag{2-6}$$

$$\cdot OH + \cdot OH \longrightarrow H_2O_2 \tag{2-7}$$

5. 反应温度的影响

本节在 pH=3、二茂铁浓度为 $372 mg \cdot L^{-1}$、$[H_2O_2]/[MB]=3.17$ 的条件下,研究了反应温度对 Fc/H_2O_2 体系中亚甲基蓝去除的影响,结果如图 2-18 所示。

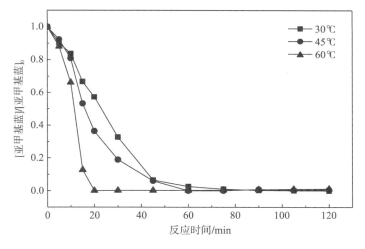

图 2-18　反应温度对 Fc/H_2O_2 体系效能的影响

由图 2-18 可见,升高反应温度对亚甲基蓝的去除有促进作用,分析其原因可能有两个:①在较高反应温度下,体系中的 H_2O_2 从体系中获得了更多的能量,这促进了 H_2O_2 的分解;②体系中的亚甲基蓝和 $\cdot OH$ 在较高反应温度下也可从体系中获得较高的能量,反应活性增强,使得亚甲基蓝的去除效果增强。当反应温度为 30℃时,亚甲基蓝的去除较慢,在反应 120min 时,体系中亚甲基蓝的剩余率几乎为 0;当反应温度提高到 45℃,反应 60min 后,体系中亚甲基蓝的剩余率几乎为 0;当反应温度提高到 60℃,在反应 20min 后,体系中亚甲基蓝的剩余率即达到 0.47%。温度的增加对 Fc/H_2O_2 体系中亚甲基蓝的降解有明显的促进作用。

2.2　Fc/H₂O₂体系降解亚甲基蓝的动力学及机制

2.2.1　Fc/H₂O₂体系降解亚甲基蓝的动力学

1. pH 对亚甲基蓝降解速率常数的影响

为研究 pH 对 Fc/H$_2$O$_2$ 体系的影响，对 pH=2、3、4、5，亚甲基蓝浓度为 10mg·L^{-1}，二茂铁浓度为 0.372g·L^{-1}，[H$_2$O$_2$]=23.58mmol·L^{-1} 时，亚甲基蓝的降解进行动力学分析，结果如图 2-19 所示。

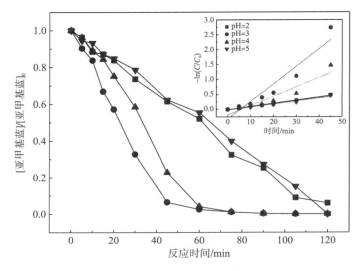

图 2-19　pH 对亚甲基蓝在 Fc/H$_2$O$_2$ 体系中降解影响

由图 2-19 可见，pH 为 2、3、4、5 时，随着反应的进行，亚甲基蓝浓度逐渐降低。pH=3～4 时，反应速率较快。pH=3，反应 45min 时亚甲基蓝的剩余率为 6.482%，并在此时剩余率曲线出现转折。因而在反应的 0～45min 对其进行动力学分析。表 2-2 给出了不同 pH 时亚甲基蓝降解的准一级反应速率常数 k_a，结果表明，在 pH 为 2、3、4、5 时，反应前 45min，亚甲基蓝的降解符合准一级反应动力学方程，k_a 的值分别为 0.011min^{-1}、0.059min^{-1}、0.031min^{-1}、0.010min^{-1}。可见，pH=3 是反应的最佳条件，随着溶液的 pH 升高或降低，体系的反应速率逐渐降低。究其原因是虽然体系中的二茂铁离子在酸性条件下稳定，但是酸性过强，溶液中的 H$^+$增多，反应式(2-8)和式(2-9)均受到抑制，不利于反应的进行，使得 Fc 和 Fc$^+$之间的循环受阻（Yu et al.，2010）。而溶液的 pH 升高，二茂铁的稳定性降低，也不利于反应的进行（Nie et al.，2008）。

$$Fc+H_2O \longrightarrow Fc^+ + \cdot OH + H^+ \tag{2-8}$$

$$2Fc^+ + H_2O_2 \longrightarrow 2Fc + O_2 + 2H^+ \tag{2-9}$$

表 2-2　不同 pH 时亚甲基蓝降解的准一级反应速率常数

溶液的 pH	k_a/min^{-1}	R^2
2	0.011	0.986
3	0.059	0.887
4	0.031	0.941
5	0.010	0.963

2. 催化剂浓度对亚甲基蓝降解速率常数的影响

在非均相 Fenton 体系中，通常认为催化剂有三种功能：体系中催化剂的量越多，其对体系中污染物的吸附越多；增加体系中催化剂的量会对体系中的 H_2O_2 分解为·OH 有促进作用，从而促进了体系中污染物的降解；体系中催化剂的量越多，其溶解量就会越大，这无疑增加了溶液的浊度，对水质有一定的影响。为弄清 Fc/H_2O_2 体系中二茂铁浓度对体系中亚甲基蓝去除的影响，本节在 30℃、pH＝4、亚甲基蓝浓度为 10mg·L^{-1}、H_2O_2 浓度为 23.58mmol·L^{-1}、二茂铁浓度为 $0.186\sim0.558\text{g·L}^{-1}$ 的情况下，考察了二茂铁浓度对体系中亚甲基蓝降解的影响，结果如图 2-20 所示。

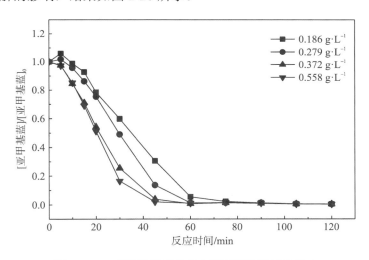

图 2-20　二茂铁浓度对体系中亚甲基蓝降解的影响

由图 2-20 可见，当体系中二茂铁的浓度不同时，溶液中的亚甲基蓝浓度有相同的变化趋势。在反应 5min 时，溶液对亚甲基蓝特征吸收波长的吸收升高，这是由于加入的二茂铁细小颗粒增加了溶液的浊度，使透光度降低。反应 5~30min 时，体系中亚甲基蓝的浓度迅速降低，且投加的二茂铁的量越多，体系中亚甲基蓝的去除速率越快，这是由于催化剂的量增加，促进了体系中 H_2O_2 的分解和·OH 的产生。

为了精确地展示出二茂铁浓度对体系中亚甲基蓝降解速率的影响，对体系中亚甲基蓝的降解进行动力学研究，结果如图 2-21 所示。

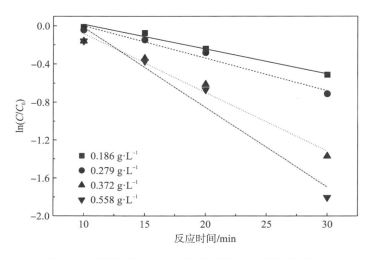

图 2-21　催化剂浓度对亚甲基蓝降解速率常数的影响

　　将反应 10～30min 的数据用于反应动力学方程的拟合,所得反应速率和拟合标准方差见表 2-3。需要强调的是:尽管二茂铁在体系中发挥多种作用,此处研究所用数据为体系中亚甲基蓝的表观去除率。结果表明,亚甲基蓝的降解符合准一级反应动力学方程,且二茂铁浓度对亚甲基蓝的降解速率有明显的影响。二茂铁浓度增加有助于促进亚甲基蓝的降解,当体系中二茂铁浓度为 $0.186g·L^{-1}$、$0.279g·L^{-1}$、$0.372g·L^{-1}$ 和 $0.558g·L^{-1}$ 时,亚甲基蓝降解的反应速率常数分别为 $0.026min^{-1}$、$0.034min^{-1}$、$0.062min^{-1}$ 和 $0.084min^{-1}$。可见,二茂铁浓度对亚甲基蓝降解的速率有明显影响,且在二茂铁浓度为 $0.186～0.558g·L^{-1}$ 的范围内,反应速率常数随催化剂浓度的增加而提高。

3. 反应温度对亚甲基蓝降解速率常数的影响

　　反应温度是影响催化氧化反应效率的重要因素之一。本节考察了 pH＝4、亚甲基蓝浓度为 $10mg·L^{-1}$、H_2O_2 浓度为 $23.58mmol·L^{-1}$、二茂铁浓度为 $0.372g·L^{-1}$ 时,反应温度对亚甲基蓝降解的影响,结果如图 2-22 所示。可见反应温度对亚甲基蓝的降解有明显影响,亚甲基蓝去除率随着反应温度的升高而逐渐升高,反应温度的升高对体系中亚甲基蓝的降解有促进作用,该趋势与前人的研究结果一致(Daud and Hameed,2010;Ji et al.,2011)。导致此现象的原因有两个:一是在较高的反应温度下,体系中的 H_2O_2 能快速地分解产生·OH;二是体系中的分子在较高反应温度时有较高的能量逾越所需的反应活化能。

　　将反应 10～20min 时亚甲基蓝降解的实验数据进行准一级反应动力学拟合(图 2-23),结果见表 2-3。可见,随着反应温度从 30℃增加到 60℃,体系中亚甲基蓝降解的反应速率常数分别为 $0.037min^{-1}$、$0.080min^{-1}$ 和 $0.725min^{-1}$。该现象表明提高反应介质的温度,有助于加快反应的进行,Fc/H_2O_2 体系氧化降解亚甲基蓝的反应是一个吸热反应。

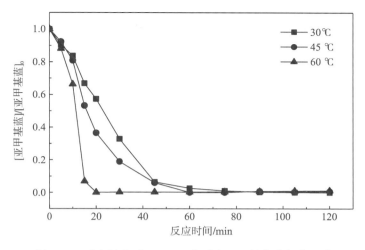

图 2-22　反应温度对 Fc/H$_2$O$_2$ 体系中亚甲基蓝降解的影响

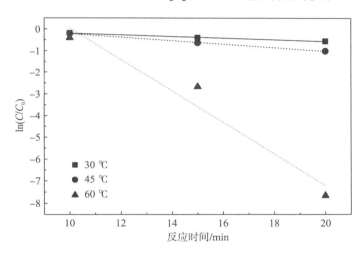

图 2-23　反应温度对亚甲基蓝降解速率的影响

表 2-3　不同反应条件下亚甲基蓝降解的准一级反应动力学参数

反应条件		k_a/min^{-1}	R^2
二茂铁浓度/(g·L^{-1})	0.186	0.026	0.9761
	0.279	0.034	0.9613
	0.372	0.062	0.9669
	0.558	0.084	0.9329
反应温度/℃	30	0.037	0.9837
	45	0.080	0.9981
	60	0.725	0.9096

2.2.2　Fc/H₂O₂ 体系中亚甲基蓝降解的反应活化能

亚甲基蓝降解的动力学研究帮助我们定量地了解了不同反应条件对亚甲基蓝降解及其反应速率的影响。由此可以根据阿伦尼乌斯方程计算出反应的活化能，阿伦尼乌斯方程及其线性表达式为

$$k_a = A\exp\left(\frac{-E_a}{RT}\right) \tag{2-10}$$

$$\ln k_a = \ln A - \frac{E_a}{RT} \tag{2-11}$$

式中，k_a 为反应速率常数，min^{-1}；A 为指前因子；E_a 为反应活化能，$kJ \cdot mol^{-1}$；R 为气体常数，通常取 8.314J/(mol·K)；T 为反应介质的温度，K。

根据表 2-3 中不同反应条件下的反应速率常数，以 $\ln k_a$ 对 $\ln(1/T)$ 作图，如图 2-24 所示。图中线性拟合直线的斜率即为反应活化能 E_a。由此计算出的 Fc/H₂O₂ 体系中亚甲基蓝降解的反应活化能为 $82.708kJ \cdot mol^{-1}$。

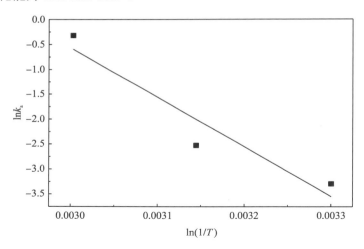

图 2-24　$\ln k_a$ 对 $\ln(1/T)$ 作图及其线性拟合图

2.2.3　Fc/H₂O₂ 体系中亚甲基蓝降解的机制

基于固相催化剂的非均相 Fenton 反应的研究日渐成为热点(张婷等，2013)，但是目前，对这类多相反应的研究主要侧重于对体系催化性能和污染物降解效果的研究，对机制研究不足。在非均相 Fenton 体系中，有机物的降解过程与催化过程密不可分，因此，对有机物降解机制的研究就显得尤为重要。本节从亚甲基蓝降解过程中溶液的 pH 变化入手，提出亚甲基蓝在 Fc/H₂O₂ 体系中降解的机制，并计算反应的活化能，为进一步理解 Fc/H₂O₂ 的机制提供基础。

在二茂铁催化的非均相类 Fenton 体系中，随着反应的进行，亚甲基蓝的浓度逐渐降

低，在反应终点时刻亚甲基蓝的剩余率为 0，但是溶液的 COD 仍有较多剩余，这说明该体系中染料的矿化滞后于脱色。染料的化学分子结构一般比较复杂，但是染料的颜色是由其发色基团所决定的。该体系中，由于发色基团被破坏，亚甲基蓝脱色，但是整个染料分子并未完全降解，其颜色的变化如图 2-25 所示。

图 2-25　二茂铁非均相 Fenton 体系中亚甲基蓝溶液颜色的变化

为了弄清亚甲基蓝的降解过程，对降解过程中溶液的 pH 变化进行了分析，结果如图 2-26 所示。

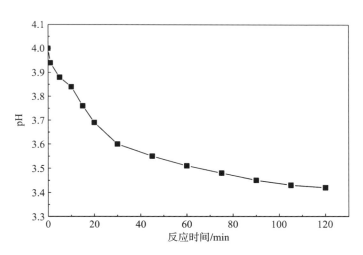

图 2-26　Fc/H$_2$O$_2$-亚甲基蓝体系反应过程中溶液 pH 的变化

由图 2-26 可以看出，随着反应的进行，溶液的 pH 逐渐降低。分析其原因是：Fenton 反应本身是一个 pH 降低的过程；亚甲基蓝降解过程中产生了小分子的酸性物质。使用离子色谱测定了溶液中产生的阴离子，结果如图 2-27 所示。亚甲基蓝降解过程中产生的阴离子有 NO$_3^-$、SO$_4^{2-}$ 和 Cl$^-$，且溶液中的 Cl$^-$ 在反应开始就可以检测到，这个结果表明，在亚甲基蓝分子降解的过程中，S—Cl 首先被破坏，分子中的 C—S 和 C—N 随着反应的进行逐渐断裂，且 N 和 S 被氧化成 NO_3^- 和 SO_4^{2-}。在第 4 章的研究中有证据证实，二茂铁可以催化 H_2O_2 分解产生 •OH，且该过程发生在二茂铁的表面，由此可以归纳出 Fc/H_2O_2 反应的过程为二茂铁催化溶液中的 H_2O_2 分解，在二茂铁颗粒的表面产生 •OH，随后这些 •OH 进入溶液中氧化降解亚甲基蓝。

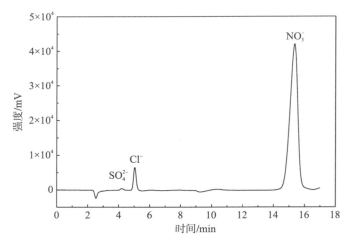

图 2-27　反应 50min 时溶液的离子色谱图

在不同的时间间隔，从 Fc/H_2O_2 氧化降解亚甲基蓝的体系中取样进行分析，使用 GC-MS 和 LC-MS 测定其降解的中间产物。质谱分析所设定的分析模式为 ESI^+（正离子）的全扫描方式，可测得溶液中不同物质的质荷比（m/z），以及该质荷比所匹配的有机物可能的分子结构式（GC-MS）。

尤其值得注意的是，在反应液中可用 LC-MS 测得苯并噻唑，其摩尔质量为 135g·mol^{-1}，停留时间为 12.58min。其分子结构式和停留时间如图 2-28 所示。这是亚甲基蓝在 Fenton 体系中降解发现的新产物。

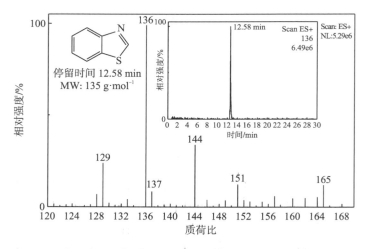

图 2-28　亚甲基蓝在 Fc/H_2O_2 体系中分解产生的苯并噻唑的质谱图

　　基于反应过程中测得的中间产物和亚甲基蓝分子结构中各化学键的键能，推导了亚甲基蓝降解的途径，如图 2-29 所示。亚甲基蓝分子首先发生去离子化反应，S—Cl 未断裂，失去 Cl 原子，剩余的结构通过三条途径同时降解：①N—CH$_3$（键能最低，70.8kcal·mol^{-1}）

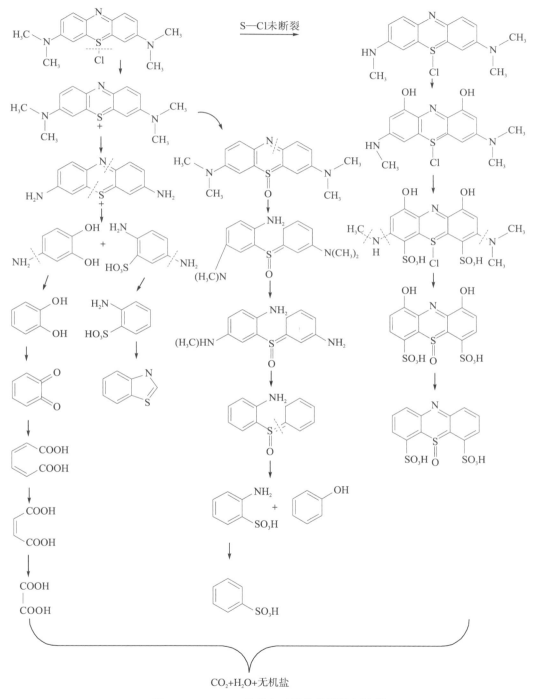

图 2-29　Fc/H$_2$O$_2$ 体系中亚甲基蓝的降解途径

先发生断裂(Luo et al.，2005)，—CH₃ 被氧化为 HCHO 或 HCOOH，然后 C—S 和 C—N 断裂，生成对氨基邻苯酚和 1,4-二氨基苯磺酸,对氨基邻苯酚发生脱氨基反应生成邻苯酚，1,4-二氨基苯磺酸脱氨基后生成苯并噻唑;②Cl—S 被氧化为 S=O 和 S—C,然后 N—CH₃ 和 C—N 断裂，生成苯酚和邻氨基苯磺酸，邻氨基苯磺酸又脱氨基生成苯磺酸;③一部分 —OH 和—SO₃H 链接到亚甲基蓝分子中的 C^2、C^5、C^8、C^{11}，同时发生 N—CH₃的断裂 和—OH 的脱除。反应过程中产生的中间产物被继续氧化，最终生成 CO_2、H_2O、Cl^-、SO_4^{2-} 和 NO_3^-。

2.3　印染助剂对 Fc/H₂O₂ 体系效能的影响及 Fc/H₂O₂ 体系降解亚甲基蓝的强化途径

纤维的前处理、染色和工艺等过程所使用的助剂不仅对水质有很大的影响(奚旦立和马春燕，2010)，对染料分子的降解也会有不同程度的影响。前处理和染色中通常使用一些无机盐和表面活性剂以促进染色均匀和固色。本节以十二烷基苯磺酸钠(SDBS)、聚乙烯醇(PVA)和吐温-80(Tween-80)为代表，研究阴离子表面活性剂、阳离子表面活性剂、非离子型表面活性剂和 CuSO₄、NaCl、Na₂SO₄、Na₂CO₃、NaS 5 种无机盐对 Fc/H₂O₂ 体系效能的影响。在不增加反应设备复杂程度和能耗的前提下，考察亚甲基蓝降解的中间产物——草酸的浓度及 H₂O₂ 的投加方式对二茂铁非均相 Fenton 体系的强化作用。

2.3.1　Fc/H₂O₂ 体系中亚甲基蓝的降解效率与·OH 的表观生成率的关系

在 pH=3、30℃、二茂铁浓度为 $0.372g·L^{-1}$、亚甲基蓝浓度为 $10mg·L^{-1}$、无表面活性剂和无机盐添加的条件下，研究了亚甲基蓝的去除效果及溶液中·OH 的产生情况，结果如图 2-30 所示，并以此作为空白组进行对照。

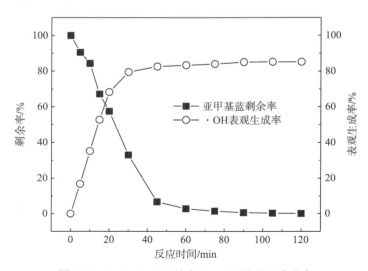

图 2-30　Fc/H₂O₂ 处理效率及·OH 的表观生成率

在反应的前 45min，亚甲基蓝的浓度逐渐降低，且去除速率较快，此时段内，溶液中·OH 的产生速率也较快。反应 45min 以后，亚甲基蓝的去除速率逐渐降低，·OH 的表观生成速率也降低。反应 120min 时，溶液中亚甲基蓝的剩余率为 0.6%，·OH 的表观生成率达到 83.4%。这是由于溶液中的亚甲基蓝是被反应中产生的·OH 氧化分解的，在反应的前 45min，溶液中·OH 的产生速率快，溶液中·OH 的量迅速增加，因此亚甲基蓝的降解速率快；随着反应的进行，溶液中的 H_2O_2 逐渐被消耗，使得·OH 的表观生成速率变慢，因此，溶液中亚甲基蓝的分解速率变慢。

2.3.2　表面活性剂的影响

1. SDBS 的影响

为考察阴离子表面活性剂对 Fc/H_2O_2 体系中亚甲基蓝降解的影响，本节以 SDBS 为代表，考察了不同浓度 SDBS 时，Fc/H_2O_2 体系中亚甲基蓝的降解情况，结果如图 2-31 所示。在 pH 为 3、亚甲基蓝浓度为 $10mg·L^{-1}$、SDBS 浓度为 $(3.48×10^{-3})$～$(13.92×10^{-3})\,g·L^{-1}$ 时，亚甲基蓝的去除速率随着 SDBS 浓度的增加而降低。在反应的前 5min，亚甲基蓝的去除速率较快；反应进行 5min 后，反应速率减慢；反应 60min 后，基本达到反应终点；反应进行至 120min，不同 SDBS 浓度下亚甲基蓝的剩余率均为 0。表明 SDBS 的加入对 Fc/H_2O_2 体系中亚甲基蓝的降解有阻碍作用，且这种阻碍作用与 SDBS 的浓度呈正相关。

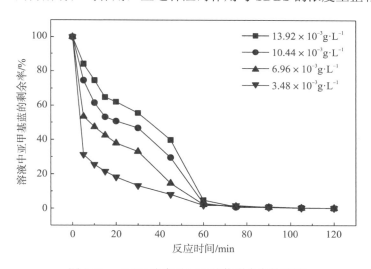

图 2-31　SDBS 浓度对亚甲基蓝剩余率的影响

SDBS 浓度对·OH 表观生成率的影响如图 2-32 所示。当 SDBS 浓度为 $3.48×10^{-3}g·L^{-1}$、$6.96×10^{-3}g·L^{-1}$、$10.44×10^{-3}g·L^{-1}$ 和 $13.92×10^{-3}g·L^{-1}$ 时，在反应的前 15min，·OH 的表观生成速率较慢，随着反应的进行，·OH 的表观生成速率加快；反应至 120min 时，体系中·OH 的表观生成率分别为 83.15%、80.43%、79.02%和 76.74%。表明 SDBS 的加入对 Fc/H_2O_2 体系中·OH 的产生有抑制作用，且这种抑制作用与 SDBS 的浓度呈正相关。

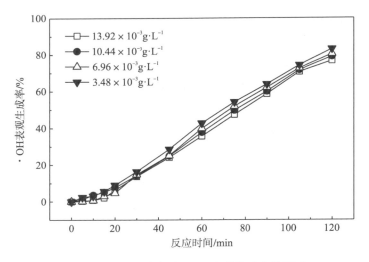

图 2-32　SDBS 浓度对·OH 表观生成率的影响

鉴于 SDBS 的加入会对水质产生影响，且·OH 具有无选择的氧化性，本节进一步考察了 SDBS 自身的降解情况。当 pH＝3、亚甲基蓝浓度为 10mg·L^{-1} 时，混合体系中 SDBS 的降解如图 2-33 所示。随着反应的进行，溶液中 SDBS 的剩余率逐渐减小，当溶液中 SDBS 的浓度从 3.48×10^{-3}g·L^{-1} 增加到 13.92×10^{-3}g·L^{-1} 时，SDBS 的去除速率逐渐降低。反应至 120min 时，SDBS 浓度为 3.48×10^{-3}g·L^{-1}、6.96×10^{-3}g·L^{-1}、10.44×10^{-3}g·L^{-1} 和 13.92×10^{-3}g·L^{-1} 时，溶液中 SDBS 的剩余率分别为 63.81%、65.04%、68.02% 和 70.61%。可见，SDBS 的去除速率和去除率受其浓度的影响较大，呈负相关关系。

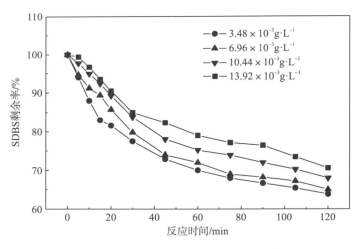

图 2-33　SDBS 浓度对其剩余率的影响

与空白组相比，反应初始 60min，亚甲基蓝的去除速率受 SDBS 浓度的影响较大，这是因为 SDBS 在水溶液中与阳离子型染料亚甲基蓝形成蓝色的稳定络合物，使得亚甲基蓝的去除速率降低；反应进行 60min 后，亚甲基蓝的剩余率与空白组相近。投加 SDBS 后，

·OH 的表观生成速率有明显的降低，反应 120min 后，·OH 的表观生成速率受 SDBS 影响较小，这是因为 SDBS 对溶液起到一定的稳定作用，使得催化作用变慢，同时，SDBS 的分散作用使得溶液中的亚甲基蓝和·OH 分布更加均匀，因此在低浓度 SDBS 时，亚甲基蓝的去除速率比空白组快。由于所用 H_2O_2 的量一定，故 SDBS 的去除率随着其浓度的升高而降低。

2. PVA 的影响及其自身降解

以 PVA 为代表，考察了阳离子表面活性剂对 Fc/H_2O_2 体系中亚甲基蓝降解的影响，结果如图 2-34 所示。在 pH=3、亚甲基蓝浓度为 10mg·L^{-1}、PVA 浓度为 $(2.2\times10^{-3})\sim(8.8\times10^{-3})$ g·L^{-1} 时，亚甲基蓝的去除速率随着 PVA 浓度的增加而加快，当 PVA 浓度增加到 8.8×10^{-3} g·L^{-1} 时，反应 30min 即可使亚甲基蓝的剩余率达到 0。不同 PVA 浓度下，在反应进行到 45min 时亚甲基蓝的剩余率均为 0。与空白组相比，PVA 的加入加速了反应的进行，且随着 PVA 浓度的增加，亚甲基蓝的去除速率逐渐加快。

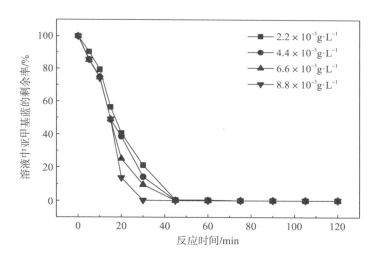

图 2-34　PVA 浓度对亚甲基蓝剩余率的影响

当 pH＝3 时，PVA 浓度对·OH 表观生成率的影响如图 2-35 所示。当 PVA 浓度从 2.2×10^{-3} g·L^{-1} 增加到 8.8×10^{-3} g·L^{-1} 时，·OH 的表观生成速率增加，在反应进行 75min 后，·OH 表观生成速率减慢。反应 120min 后，·OH 的表观生成率受 PVA 浓度的影响不大，随着 PVA 浓度的增加，·OH 的表观生成速率分别为 93.15%、93.22%、93.22%和 94.94%。

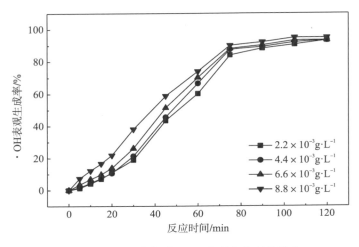

图 2-35　PVA 浓度对·OH 表观生成率的影响

但与空白组相比，PVA 的投加对·OH 的产生有促进作用，不同 PVA 浓度下反应 120min 后·OH 的表观生成率均有所提高，且·OH 的表观生成速率随着 PVA 浓度的增加而增加，反应完成后，·OH 的表观生成率也随着 PVA 浓度的增加而提高。

当 pH＝3、亚甲基蓝浓度为 10mg·L^{-1}，混合体系中 PVA 自身的降解如图 2-36 所示。随着反应的进行，溶液中 PVA 的剩余率逐渐减小，当 PVA 浓度从 2.2×10^{-3}g·L^{-1} 增加到 8.8×10^{-3}g·L^{-1} 时，PVA 的去除速率逐渐降低，反应至 120min 时，溶液中 PVA 的剩余率分别为 10.6%、14.2%、23.3%和 32.1%。可见，溶液中 PVA 的浓度对其去除率有较大的影响。

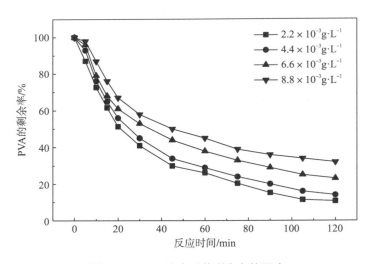

图 2-36　PVA 浓度对其剩余率的影响

与空白组相比，PVA 与亚甲基蓝的混合体系中，亚甲基蓝的去除速率有显著提高，完全去除亚甲基蓝的反应时间从 105min 缩短到 45min，添加 PVA 后，溶液中·OH 的表观生成率也有所提高，这是 PVA 对溶液的分散作用所致，同时，PVA 的投加使得溶液中的污染物总量增加，消耗的·OH 的量增多，化学反应向着产生·OH 的方向进行，因此溶液中·OH 的表观生成率增加。溶液中产生的·OH 增多，亚甲基蓝的去除速率增加。溶液中 PVA 随着反应的进行逐渐被降解，随着·OH 产生量的增加，溶液中 PVA 的去除率和去除速率均有所增加。但溶液中投加的 H_2O_2 的量是一定的，溶液中产生的·OH 同时作用于亚甲基蓝和 PVA 的降解。随着溶液中 PVA 浓度的增加，用于降解 PVA 的·OH 的量相对减少，PVA 的去除率降低。

3. Tween-80 的影响及其自身降解

本节以 Tween-80 为代表，考察了非离子型表面活性剂对 Fc/H_2O_2 体系中亚甲基蓝降解的影响，结果如图 2-37 所示。在 pH=3、亚甲基蓝浓度为 10mg·L^{-1}、Tween-80 浓度为 $(4.3\times10^{-3})\sim(17.1\times10^{-3})$g·$L^{-1}$ 时，混合体系中亚甲基蓝剩余率随着 Tween-80 浓度的增加而增加，反应至 120min 时，混合体系中亚甲基蓝剩余率随着 Tween-80 浓度的增加分别为 2.0%、3.7%、6.2%和 9.1%。与空白组相比，Tween-80 的加入，降低了亚甲基蓝的去除速率和去除率。

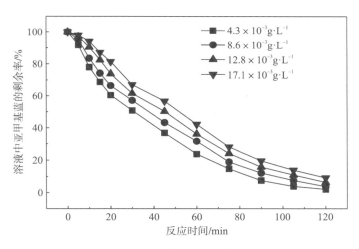

图 2-37　Tween-80 浓度对亚甲基蓝剩余率的影响

当 pH=3 时，Tween-80 浓度对·OH 表观生成率的影响如图 2-38 所示。反应的前75min，Tween-80 浓度对溶液中·OH 表观生成速率的影响较小，但反应 75min 以后随着Tween-80 浓度的增加，溶液中·OH 的表观生成速率逐渐降低。当溶液中 Tween-80 的浓度为 17.1×10^{-3}g·L^{-1} 时，溶液中·OH 的表观生成速率有明显的降低。反应 120min 时，溶液中·OH 的表观生成率随着 Tween-80 浓度的增加分别为 89.21%、82.94%、80.93%和79.85%，呈降低的趋势。

当 pH=3、亚甲基蓝浓度为 10mg·L^{-1} 时，混合体系中 Tween-80 的降解如图 2-39 所示。随着反应的进行，混合体系中 Tween-80 的剩余率逐渐减少，随 Tween-80 浓度的增加，反应 120min 时 Tween-80 的剩余率分别为 72.70%、65.41%、60.11%和 54.43%。可见，Tween-80 的浓度对其自身降解有较大影响。

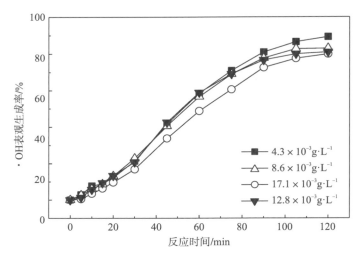

图 2-38　Tween-80 浓度对·OH 表观生成率的影响

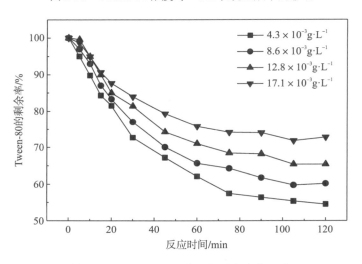

图 2-39　Tween-80 浓度对其剩余率的影响

　　与空白组相比，Tween-80 的投加使得亚甲基蓝的剩余率增加，·OH 的表观生成速率降低，但反应完成时·OH 的表观生成率略有提高。Tween-80 是常用的乳化剂和分散剂，且在反应过程中与亚甲基蓝有共降解作用，产生对·OH 的竞争，使得·OH 的表观生成率增加。但反应中的 H_2O_2 同时作用于亚甲基蓝和 Tween-80 的降解，故随着 Tween-80 初始浓度的增加，其自身的去除率降低。因此，Tween-80 的投加对混合体系中·OH 的表观生成和溶液中亚甲基蓝的去除均有抑制作用。

　　综上所述，SDBS 和 Tween-80 对 Fc/H_2O_2 体系中亚甲基蓝的降解和·OH 的产生均有阻碍作用，PVA 对亚甲基蓝的降解和·OH 的产生有促进的作用。SDBS、PVA 和 Tween-80 自身的降解受其浓度的影响，去除率随其浓度的增加而降低。

2.3.3　无机盐的影响

1. $CuSO_4$ 的影响

$CuSO_4$ 浓度对水溶液中染料去除的影响如图 2-40 所示，除 $CuSO_4$ 的浓度改变外，其余条件均为基准条件。在所研究的 $CuSO_4$ 浓度范围内，亚甲基蓝在反应的前 75min 去除速率较快，此后随着反应的进行，亚甲基蓝的去除速率降低。随着 $CuSO_4$ 浓度的增加，亚甲基蓝的去除速率逐渐提高，但在反应终点时，不同 $CuSO_4$ 浓度下亚甲基蓝的去除率均可达到 100%。

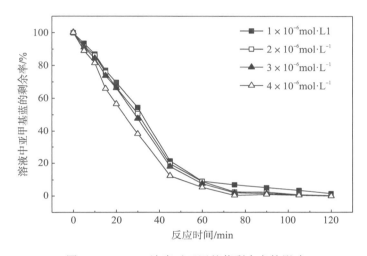

图 2-40　$CuSO_4$ 浓度对亚甲基蓝剩余率的影响

图 2-41 为 $CuSO_4$ 浓度对 ·OH 表观生成率的影响，从图中可以看出，·OH 的表观生成率均随着反应时间的推移呈增加趋势，且在反应的前 75min，表观生成速率较快；反应 75min 以后，·OH 的表观生成速率降低；反应 120min 后，不同 $CuSO_4$ 浓度下 ·OH 的表观生成率均可达到 100%。但 ·OH 的表观生成速率随着 $CuSO_4$ 浓度的增加而增加，究其原因是溶液中的 Cu^{2+} 与体系中的 H_2O_2 可以形成类 Fenton 试剂（Hu et al.，2001），与投加的二茂铁组成一种复合的类 Fenton 体系，两种催化剂一起催化 H_2O_2 的分解和 ·OH 的产生，Cu^{2+} 的浓度增加，H_2O_2 被分解产生 ·OH 的速率增加，·OH 表观生成速率增加则溶液中亚甲基蓝的去除率增加。

与无任何添加的基准条件下的反应相比，投加 $CuSO_4$ 后，反应相对变慢，这是由于投加 $CuSO_4$ 后，溶液中的 SO_4^{2-} 的量增多，而 SO_4^{2-} 是 ·OH 的捕获剂，会与溶液中的 ·OH 发生如下反应（Devi et al.，2011）：

$$SO_4^{2-} + \cdot OH \longrightarrow \cdot SO_4^- + OH^- \tag{2-12}$$

使得溶液中 ·OH 的数目减少，反应速率降低。

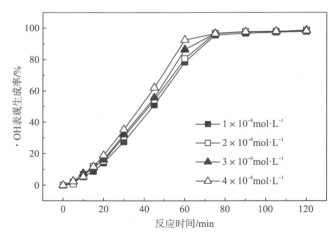

图 2-41　CuSO₄浓度对·OH 表观生成率的影响

2. NaCl 的影响

在 NaCl 浓度为 (1×10^{-6}) ~ (4×10^{-6}) mol·L^{-1} 及基准条件下反应,随反应的进行,亚甲基蓝剩余率如图 2-42 所示。随着 NaCl 浓度的增加,溶液中亚甲基蓝的去除速率逐渐降低,在反应的前 60min,反应速率较快,反应至 60min 时不同 NaCl 浓度下亚甲基蓝的剩余率均可达到 4%。NaCl 浓度对反应终点亚甲基蓝去除的影响不明显,反应 120min 后,不同 NaCl 浓度下亚甲基蓝的去除率均可达到 100%。

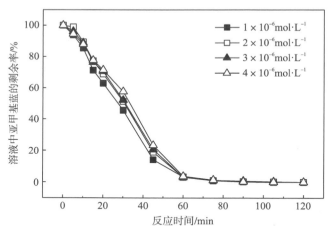

图 2-42　NaCl 浓度对亚甲基蓝剩余率的影响

NaCl 浓度对·OH 表观生成率的影响如图 2-43 所示。随着 NaCl 浓度的增加,·OH 的表观生成速率降低。当 NaCl 浓度为 1×10^{-6} mol·L^{-1} 时,·OH 的生成速率最快,且在反应 75min 时达到最大表观生成率 96.8%。当溶液中 NaCl 浓度为 2×10^{-6} mol·L^{-1}、3×10^{-6} mol·L^{-1}、4×10^{-6} mol·L^{-1} 时,反应 120min 时,·OH 的表观生成率分别为 96.72%、96.54% 和 95.03%。这是因为 NaCl 的投加使得溶液中 Cl$^-$ 的浓度升高,对体系中·OH 的捕获作用加强,最终导致亚甲基蓝的去除速率减慢(Devi et al.,2011):

$$Cl^- + \cdot OH \longrightarrow \cdot [ClOH]^- \tag{2-13}$$
$$\cdot [ClOH]^- + H^+ \longrightarrow \cdot [HClOH] \tag{2-14}$$
$$\cdot [HClOH] \longrightarrow \cdot Cl + H_2O \tag{2-15}$$
$$\cdot Cl + H_2O_2 \longrightarrow \cdot HO_2 + Cl^- + H^+ \tag{2-16}$$
$$\cdot Cl_2 + H_2O_2 \longrightarrow \cdot HO_2 + 2Cl^- + H^+ \tag{2-17}$$
$$Cl^- + \cdot OH + H^+ \longrightarrow \cdot Cl + H_2O \tag{2-18}$$

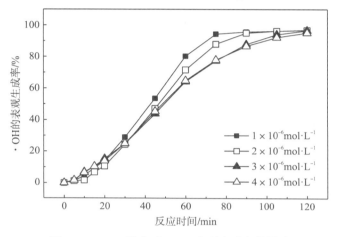

图 2-43 NaCl 浓度对·OH 表观生成率的影响

3. Na₂SO₄ 的影响

在 Na$_2$SO$_4$ 浓度为 $(1×10^{-6})$~$(4×10^{-6})$ mol·L^{-1} 及基准条件下,随反应的进行,亚甲基蓝在不同时刻的剩余率如图 2-44 所示。随着反应的进行,亚甲基蓝的剩余率逐渐减少,且在反应初始的 45min,亚甲基蓝去除速率较快,反应进行 60min 后即可完全去除。随着 Na$_2$SO$_4$ 浓度的增加,亚甲基蓝的去除速率逐渐降低,这与溶液中 Na$_2$SO$_4$ 浓度对·OH 表观生成速率的影响是一致的。

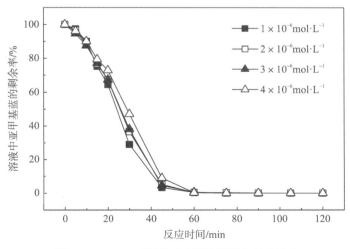

图 2-44 Na₂SO₄ 浓度对亚甲基蓝剩余率的影响

Na_2SO_4 浓度对 •OH 表观生成率的影响如图 2-45 所示，在基准实验条件下，随着 Na_2SO_4 浓度的增加，溶液中 •OH 的表观生成速率逐渐降低，这是因为投加 Na_2SO_4 后，溶液中引入了 SO_4^{2-}，而 SO_4^{2-} 是 •OH 的捕获剂。反应前 60min，•OH 的表现生成速率较快；反应 60min 后，•OH 表观生成速率降低；反应 75min 后基本达到恒定值，此时 •OH 的表观生成率接近 100%；反应 120min 后，Na_2SO_4 浓度为 $1×10^{-6}$mol·L^{-1}、$2×10^{-6}$mol·L^{-1}、$3×10^{-6}$mol·L^{-1} 和 $4×10^{-6}$mol·L^{-1} 时，溶液中 •OH 的表观生成率分别为 98.27%、98.62%、98.56% 和 97.81%。表明在本节的研究中，Na_2SO_4 浓度对反应初始阶段 •OH 的表观生成速率有较大影响，但对反应终点时 •OH 的表观生成率影响较小。

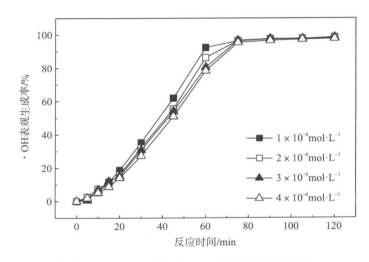

图 2-45　Na_2SO_4 浓度对 •OH 表观生成率的影响

4. Na_2CO_3 的影响

在 Na_2CO_3 浓度为 $(1×10^{-6})$～$(4×10^{-6})$mol·L^{-1} 及基准条件下反应，亚甲基蓝随反应进行的剩余率如图 2-46 所示。在反应初始的 45min，亚甲基蓝的去除速率较快，随着 Na_2CO_3 浓度的增加，亚甲基蓝的去除速率逐渐降低；反应进行 45min 以后，亚甲基蓝的剩余率基本达到平衡；反应 120min 后，亚甲基蓝的去除率均可达到 100%。

Na_2CO_3 浓度对 •OH 表观生成率的影响如图 2-47 所示。不同的 Na_2CO_3 浓度对溶液中 •OH 表观生成率有着较为明显的影响，随着 Na_2CO_3 浓度的增加，溶液中 •OH 的表观生成率和表观生成速率均有所降低，这是导致溶液中亚甲基蓝去除率降低的主要原因，究其根源是溶液中投加的 Na_2CO_3 使溶液中的 CO_3^{2-} 数目增多，CO_3^{2-} 会与亚甲基蓝产生竞争作用，与溶液中的 •OH 发生反应，被氧化生成 •CO_3^-（Devi et al.，2011）：

$$CO_3^{2-} + •OH \longrightarrow OH^- + •CO_3^- \tag{2-19}$$

反应进行 120min 后，不同 Na_2CO_3 浓度下溶液中 •OH 的表观生成率有较大差异。基准条件下，溶液中 Na_2CO_3 的浓度为 $1×10^{-6}$mol·L^{-1}、$2×10^{-6}$mol·L^{-1}、$3×10^{-6}$mol·L^{-1} 和 $4×10^{-6}$mol·L^{-1} 反应时，溶液中 •OH 的表观生成率分别为 84.06%、82.59%、81.37% 和 71.04%。

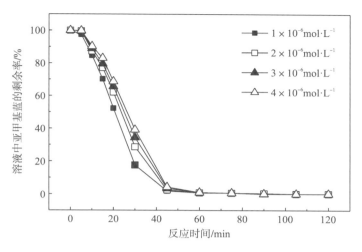

图 2-46　Na$_2$CO$_3$ 浓度对亚甲基蓝剩余率的影响

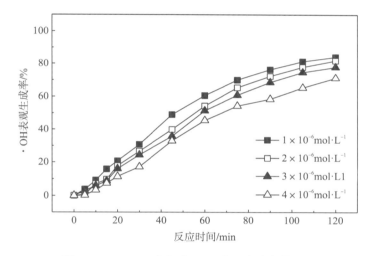

图 2-47　Na$_2$CO$_3$ 浓度对·OH 表观生成率的影响

5. Na$_2$S 的影响

当 Na$_2$S 浓度为 1×10^{-6}mol·L^{-1} 时，反应开始 0min，亚甲基蓝废水即刻变为略显蓝色的乳浊液，原因是溶液中的 S^{2-} 被氧化为 S，S 悬浮于溶液中，使溶液变浑浊；随着反应的进行，溶液逐渐清澈，是因为溶液中的 S 被继续氧化为 HSO$_3^-$ 和 SO$_4^{2-}$。在 Na$_2$S 浓度为 $(2 \times 10^{-6}) \sim (4 \times 10^{-6})$ mol·L^{-1} 及基准条件下反应，亚甲基蓝剩余率变化如图 2-48 所示。当 Na$_2$S 浓度为 $(2 \times 10^{-6}) \sim (4 \times 10^{-6})$ mol·L^{-1} 时，在反应的起始时刻，溶液的状态均变为无色透明，这是因为溶液中有较多的 S^{2-}，S^{2-} 具有较强的还原性，可以将氧化态的亚甲基蓝还原为无色的还原态，蓝色褪去。但随着反应的进行，溶液中的 S^{2-} 被氧化，溶液中的亚甲基蓝又变回氧化态，显现蓝色，溶液的色度升高。反应继续进行，亚甲基蓝被氧化降解，溶液的色度逐渐降低。在反应至 120min、Na$_2$S 浓度为 2×10^{-6}mol·L^{-1} 时，亚甲基蓝的剩余率为 22.74%，随着 Na$_2$S 浓度的增加，亚甲基蓝的剩余率增加。继续增加 Na$_2$S 浓度至

$4\times10^{-6}\,mol\cdot L^{-1}$ 时，亚甲基蓝的剩余率为 49.41%，这是因为溶液中过多的 S^{2-} 消耗了产生的 ·OH，使得亚甲基蓝的氧化去除率降低。

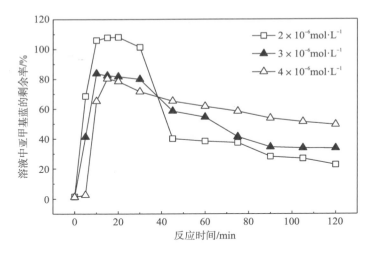

图 2-48　Na₂S 浓度对亚甲基蓝剩余率的影响

不同 Na₂S 浓度对溶液中 ·OH 的产生有较大影响。在 Na₂S 浓度为 $(2\times10^{-6})\sim$ $(4\times10^{-6})\,mol\cdot L^{-1}$ 及基准条件下反应的结果如图 2-49 所示。在反应的前 30min，溶液中 ·OH 有较快的产生速率，随着反应的继续进行，·OH 的产生速率逐渐降低。反应至 120min，Na₂S 浓度为 $2\times10^{-6}\,mol\cdot L^{-1}$、$3\times10^{-6}\,mol\cdot L^{-1}$ 和 $4\times10^{-6}\,mol\cdot L^{-1}$ 时，溶液中 ·OH 的表观生成率分别为 95.12%、89.96% 和 78.30%。这与反应终点时刻亚甲基蓝的剩余情况是一致的。

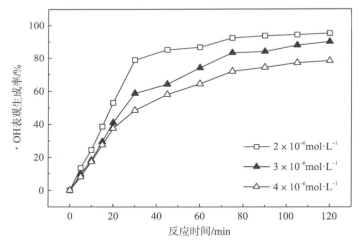

图 2-49　Na₂S 浓度对 ·OH 表观生成率的影响

通过考察 CuSO₄、Na₂SO₄、NaCl、Na₂CO₃、Na₂S 对 Fc/H₂O₂ 体系中亚甲基蓝降解及 ·OH 表观生成的影响可知：SO_4^{2-}、Cl^-、CO_3^{2-} 和 S^{2-} 均对 Fc/H₂O₂ 体系中 ·OH 的产生有阻碍作用，不利于亚甲基蓝的降解，Cu^{2+} 可与体系中的 H₂O₂ 形成类 Fenton 体系，对 ·OH

的产生和亚甲基蓝的降解有促进作用。

2.3.4　Fc/H$_2$O$_2$ 体系效能的强化效应

1. 草酸对 Fc/H$_2$O$_2$ 体系效能的强化

在反应温度为 30℃、亚甲基蓝浓度为 10mg·L^{-1}、pH＝4、[H$_2$O$_2$]＝0.003mol·L^{-1}、二茂铁的浓度为 30mg·L^{-1} 时，向体系中投加不同量的草酸，考察草酸浓度对 Fc/H$_2$O$_2$ 体系效能的影响，结果如图 2-50 所示。在没有草酸的空白体系中，亚甲基蓝的剩余率为 81.79%；当草酸的浓度为 0.001～0.003mol·L^{-1} 时，草酸的加入对 Fc/H$_2$O$_2$ 体系效能有一定的强化作用，且随着草酸浓度的增加，这种促进作用加强。反应 120min 后，草酸浓度为 0.001mol·L^{-1}、0.002mol·L^{-1} 和 0.003mol·L^{-1} 时体系中亚甲基蓝的剩余率分别为 19.83%、19.20% 和 16.65%。随着草酸浓度的继续增加，体系中亚甲基蓝的剩余率逐渐升高。其原因一方面在于草酸是亚甲基蓝降解的中间产物之一，草酸的浓度过高影响了亚甲基蓝降解反应的平衡，阻碍了反应的进行；另一方面则是体系中的草酸和亚甲基蓝二者之间发生了对·OH 的竞争作用。

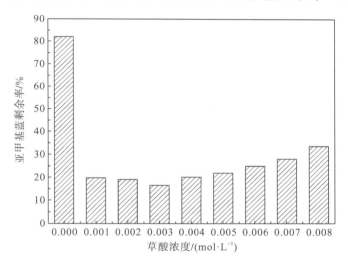

图 2-50　草酸浓度对亚甲基蓝剩余率的影响（反应 120min 后）

在亚甲基蓝浓度为 10mg·L^{-1}、反应温度为 30℃、pH＝4、[H$_2$O$_2$]＝0.003mol·L^{-1}、二茂铁的浓度为 30mg·L^{-1} 时研究了体系中不同浓度的草酸对 H$_2$O$_2$ 分解的影响，结果如图 2-51 所示。

由图 2-51 可以看出，草酸的加入对 H$_2$O$_2$ 的分解有促进作用，且当草酸浓度为 0.003mol·L^{-1} 时，H$_2$O$_2$ 有最低剩余率，这与亚甲基蓝的去除情况一致。当体系中草酸浓度为 0.007mol·L^{-1} 和 0.008mol·L^{-1} 时，体系中 H$_2$O$_2$ 的剩余率也较低，但基于成本考虑和草酸作为有机物会增加体系中的 COD，选择 0.003mol·L^{-1} 的草酸为最佳反应条件。

在亚甲基蓝浓度为 10mg·L^{-1}、反应温度为 30℃、pH＝4、[H$_2$O$_2$]＝0.003mol·L^{-1}、二茂铁的浓度为 30mg·L^{-1} 时研究了体系中不同浓度的草酸对·OH 表观生成率的影响，结果如图 2-52 所示。

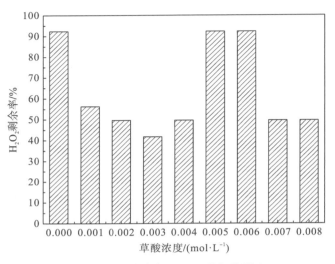

图 2-51　草酸浓度对 H_2O_2 分解的影响

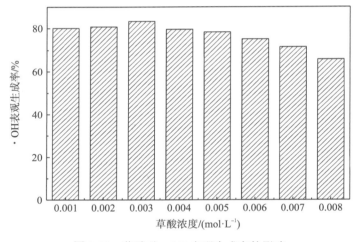

图 2-52　草酸对·OH 表观生成率的影响

当草酸浓度从 $0.001mol·L^{-1}$ 增加到 $0.003mol·L^{-1}$ 时，·OH 的表观生成率随着草酸浓度的增加而逐渐增加，这是体系中草酸浓度的增加使得体系中有机物的浓度增加，促进了二茂铁的溶解，进而增加了二茂铁与反应介质的接触率和催化剂的比表面积所致；继续增加溶液中的草酸浓度，实验测得的·OH 表观生成率呈降低趋势。由于·OH 的寿命短暂，甚至小于 $10^{-6}s$，难以直接测得，本书是通过亚甲基蓝的捕获作用，间接测得体系中·OH 的表观生成率。但是由于草酸的加入，体系中产生的·OH 部分用于草酸的分解，而没有被亚甲基蓝捕获，故测得的·OH 表观生成率有所降低，但根据图 2-51 中 H_2O_2 的分解情况分析，当草酸浓度为 $0.007\sim0.008mol·L^{-1}$ 时，体系中实际的·OH 表观生成率应有较大值。

在反应温度为 30℃、亚甲基蓝浓度为 $10mg·L^{-1}$、pH＝4、$[H_2O_2]＝0.003mol·L^{-1}$、二茂铁的浓度为 $30mg·L^{-1}$ 时研究了体系中不同浓度的草酸对二茂铁溶解的影响，结果如图 2-53 所示。可见，随着草酸浓度的增加，体系中二茂铁的溶解量逐渐增加，这是由二茂铁不溶于水而易溶于有机溶剂的特性决定的。

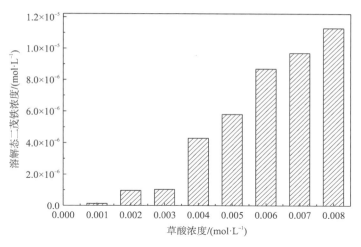

图 2-53　草酸对二茂铁溶解的影响

由图 2-49～图 2-52 可知，亚甲基蓝的去除、H_2O_2 的分解和·OH 的产生均在草酸浓度为 0.003mol·L^{-1} 时效果最佳，这是由于草酸浓度增加导致二茂铁的溶解增加，溶解态二茂铁催化的均相 Fenton 反应增加，体系中的 H_2O_2 分解加快，·OH 产生量增加。当草酸浓度增加至 0.003mol·L^{-1} 以上时，虽然体系中二茂铁的溶解增加，但是草酸的浓度增加使得体系中污染物的总浓度增加，·OH 的消耗量增加，亚甲基蓝的去除率降低；另外，草酸是亚甲基蓝降解的中间产物，草酸的浓度增加，会在一定程度上使亚甲基蓝降解的化学平衡发生移动，不利于降解反应的发生，因此随着体系中草酸浓度从 0mol·L^{-1} 增加到 0.008mol·L^{-1}，体系中二茂铁的溶解呈增加趋势，但是体系中 H_2O_2 的分解、·OH 的产生和亚甲基蓝的降解仅在草酸浓度为 0.003mol·L^{-1} 时有最佳的效果。

当草酸浓度为 0.003mol·L^{-1} 时，Fc/H_2O_2 体系对亚甲基蓝有最好的去除效果，此时体系中亚甲基蓝的去除率为 16.65%。在此最佳条件下对亚甲基蓝的降解进行动力学研究，结果发现，整个降解过程既不符合准一级反应动力学模型，也不符合准二级反应动力学模型，故对其进行分段考察。反应的前 15min 为反应的启动阶段，是体系中二茂铁和亚甲基蓝、H_2O_2 充分接触的阶段。反应的 15～75min 符合准一级反应动力学方程（图 2-54），拟合方程为 $y=-0.0240x+0.2083$（$R^2=0.997$）（表 2-4）。

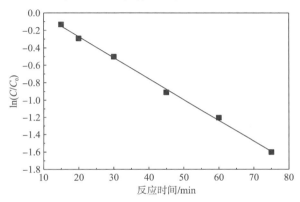

图 2-54　亚甲基蓝降解的准一级反应动力学拟合曲线（15～75min）

反应的 75～120min 符合准二级反应动力学方程(图 2-55)，拟合方程为 $y=0.0059x+0.1257$ $(R^2=0.978)$ (表 2-4)。

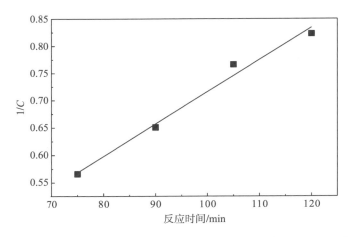

图 2-55　亚甲基蓝降解的准二级反应动力学拟合曲线(75～120min)

表 2-4　亚甲基蓝降解的分段动力学拟合参数

	拟合动力学方程	R^2
准一级动力学拟合(15～75min)	$y=-0.0240x+0.2083$	0.997
准二级动力学拟合(75～120min)	$y=0.0059x+0.1257$	0.978

2. H_2O_2 投加方式对 Fc/H_2O_2 体系效能的强化

投加一定量的二茂铁于 10mg·L^{-1} 的亚甲基蓝溶液中使其浓度为 0.3g·L^{-1}，调节 pH=4，反应温度为(30±1)℃，将 23.58mmol 的 H_2O_2 分别以不同的方式投加到体系中。考察 H_2O_2 投加方式对 Fc/H_2O_2 体系的影响，其结果如图 2-56 所示。

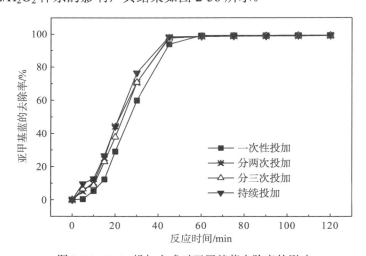

图 2-56　H_2O_2 投加方式对亚甲基蓝去除率的影响

由图 2-56 可知，H_2O_2 投加方式对亚甲基蓝的去除速率有一定影响，总体而言，随着 H_2O_2 投加次数的增多，亚甲基蓝的去除速率逐渐增加。当 H_2O_2 一次性投加时，在反应初始的 45min，亚甲基蓝的去除速率较快；随着反应的继续进行，去除速率降低；反应 60min 时，亚甲基蓝的去除率达到 100%。当 H_2O_2 的投加方式为分两次投加、分三次投加和持续投加时，去除速率逐渐加快，仅需 45min，亚甲基蓝的去除率即可达到 100%。由此可见，一定量的 H_2O_2 分批投加有助于亚甲基蓝的去除，且投加的次数越多，越有助于亚甲基蓝去除速率的提高。

在 pH＝4、反应温度为 (30 ± 1)℃、二茂铁浓度为 $0.3g·L^{-1}$ 及 H_2O_2 浓度为 $23.58mmol·L^{-1}$ 时，考察不同的 H_2O_2 投加方式对 Fc/H_2O_2 体系中 COD 去除的影响，结果如图 2-57 所示。由图 2-57 可知，H_2O_2 投加方式对 COD 的去除率和去除速率均有一定影响。将一定量的 H_2O_2 以不同投加方式投加到溶液中，在反应的前 60min，COD 的去除速率均较快，而后，去除速率降低。当 H_2O_2 一次性投加时，溶液中 COD 的去除速率最慢，在反应至 120min 时，COD 的去除率为 62%。H_2O_2 分两次投加、分三次投加和持续投加时，随着 H_2O_2 投加次数的增多，COD 的去除速率逐渐加快，反应 120min 时，对应的 COD 去除率分别为 64%、65%、66%。可见，在相同的初始条件下，改变 H_2O_2 的投加方式，随着 H_2O_2 投加次数的增加，COD 的去除速率和反应终点时刻 COD 的去除率均有所提高。这与 H_2O_2 投加方式对亚甲基蓝去除的影响是一致的，但反应终点时刻 COD 的剩余率不为 0，这说明亚甲基蓝的发色基团被破坏，分解为小分子有机酸等中间产物，而并未完全降解为 CO_2 和 H_2O。

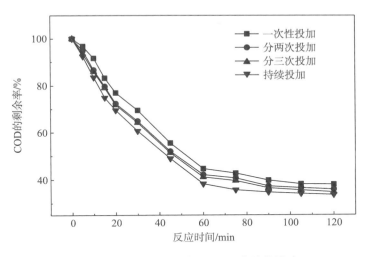

图 2-57　H_2O_2 投加方式对 COD 去除的影响

溶液中亚甲基蓝和 COD 的去除，究其根源是溶液中产生的 •OH 可以无选择性地氧化分解溶液中的有机污染物。在 pH＝4、反应温度为 (30 ± 1)℃、二茂铁浓度为 $0.3g·L^{-1}$ 及 H_2O_2 浓度为 $23.58mmol·L^{-1}$ 时，考察 H_2O_2 投加方式对 Fc/H_2O_2 体系中 •OH 表观生成率的影响，结果如图 2-58 所示。总体而言，随着 H_2O_2 投加次数的增多，•OH 的表观生成速率逐渐加快，在反应的前 30min，•OH 的表观生成速率较快；反应 30min 以后，表观生成速率有所降低，但 •OH 的表观生成率仍随反应的进行而增加；反应 60min 时，反应接近终点。当 H₂O₂ 投加为一次性投加、分两次投加、分三次投加和持续投加时，反应 120min 时，·OH 的表观生成率分别为 98.22%、98.35%、98.71%和 99.16%。这是由于一定量的 H₂O₂ 一次性投加到溶液中时，反应初始阶段 H₂O₂ 的浓度较高，H₂O₂ 对溶液中·OH 有捕获作用，使得溶液中的·OH 的量减少，H₂O₂ 和·OH 的有效利用率降低；随着反应的进行，溶液中 H₂O₂ 的量逐渐降低，使得溶液中·OH 的表观生成速率逐渐降低。当 H₂O₂ 的投加分批进行时，随着投加次数的增多，对溶液中 H₂O₂ 的量调控更为精确。反应初始阶段溶液中 H₂O₂ 的量减少，对体系中·OH 的捕获作用减弱，·OH 的消耗量减少；另外，随着反应的进行，溶液中 H₂O₂ 的浓度得到补给，可以源源不断地产生·OH。因此，H₂O₂ 的分批投加有利于·OH 的产生。

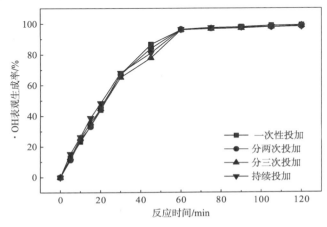

图 2-58　H₂O₂ 投加方式对·OH 表观生成率的影响

二茂铁是一种有机过渡金属化合物，具有不溶于水而可溶于有机溶剂的特性。在二茂铁/H₂O₂-亚甲基蓝的混合溶液中，二茂铁会有少量的溶解，为分析该体系中 H₂O₂ 的投加方式对二茂铁溶解的影响及二茂铁的溶解对 Fc/H₂O₂ 体系效能的影响，本节对不同 H₂O₂ 投加方式下二茂铁的溶解进行了研究，反应条件为 pH＝4、(30±1)℃、二茂铁浓度为 0.3g·L⁻¹ 及 H₂O₂ 浓度为 23.58mmol·L⁻¹，结果如图 2-59 所示。

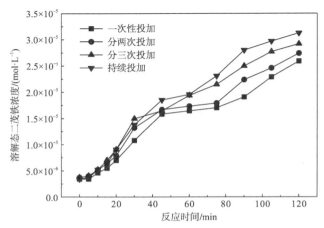

图 2-59　H₂O₂ 投加方式对二茂铁溶解的影响

由图 2-59 可以看出，在 H_2O_2 不同投加方式下二茂铁的溶解量均随着反应的进行而增加。当 H_2O_2 投加方式为一次性投加和分两次投加时，在反应的前 45 min，二茂铁的溶解速率较快，此后，溶解速率降低。总体而言，随着 H_2O_2 投加次数的增多，二茂铁的溶解速率加快。反应 120min 时，H_2O_2 一次性投加、分两次投加、分三次投加和持续投加时，溶液中二茂铁的浓度分别为 $2.59\times10^{-5}\text{mol·L}^{-1}$、$2.74\times10^{-5}\text{mol·L}^{-1}$、$2.92\times10^{-5}\text{mol·L}^{-1}$ 和 $3.13\times10^{-5}\text{mol·L}^{-1}$。可见，$H_2O_2$ 投加方式对二茂铁的溶解速率及溶解量均有一定影响，H_2O_2 分批投加不仅可以提高二茂铁的溶解速率，还提高了二茂铁的溶解量。究其原因是：①溶液中悬浮的二茂铁颗粒对亚甲基蓝有一定的吸附作用(图 2-6)，使得溶液中的部分亚甲基蓝向二茂铁颗粒表面聚集，二茂铁颗粒表面附近的溶液浓度升高，二茂铁的溶解增多；②酸性条件下，非均相类 Fenton 体系中的二茂铁可发生如下转化：$Fc \longleftrightarrow Fc^{+}+e^{-}$，部分产生的 Fc^{+} 从二茂铁颗粒表面脱离到溶液中，又转化为 Fc，这也在一定程度上促进了 Fc 的溶解；③H_2O_2 的分批投加促进了体系中 ·OH 的产生和亚甲基蓝的降解，但反应后产生的小分子有机酸等中间产物的总浓度增加，反而促进了二茂铁的溶解。

2.4　本 章 小 结

(1)提出并证实了 Fc/H_2O_2 体系降解亚甲基蓝的机制及途径。Fc/H_2O_2 体系降解亚甲基蓝的反应活化能为 82.708kJ·mol^{-1}。随着亚甲基蓝的降解，溶液的 pH 降低，并测得了苯并噻唑。亚甲基蓝在 Fc/H_2O_2 体系中脱氯后，沿三条途径同时降解：一是剩余结构发生去甲基化反应，而后 C—N 和 S—C 断裂，并脱氨基，生成中间产物草酸和苯并噻唑后彻底降解；二是剩余结构中 S 发生氧化，C—N 断裂，然后脱除甲基和氨基，生成苯磺酸和苯酚后彻底降解；三是部分羟基和磺酸基连接到亚甲基蓝上生成大分子化合物。最终，这些中间产物完全降解为 CO_2 和 H_2O。

(2)明确了常见无机盐类及表面活性剂类印染助剂对 Fc/H_2O_2 体系降解亚甲基蓝的影响规律。低浓度 $CuSO_4$ 和 PVA 的加入对亚甲基蓝的降解有促进作用，而 NaCl、Na_2S、Na_2SO_4、Na_2CO_3、SDBS 和 Tween-80 的加入对亚甲基蓝的降解有抑制作用。

(3)探索出了强化 Fc/H_2O_2 体系降解亚甲基蓝效率的两条途径：加入低浓度草酸和分批投加 H_2O_2。

参 考 文 献

邓南圣, 吴峰, 2003. 环境光化学[M]. 北京: 化学工业出版社.

孙德智, 2002. 环境工程中的高级氧化技术[M]. 北京: 化学工业出版社.

田森林, 莫虹, 蒋蕾, 等, 2008. Fenton 试剂液相氧化法净化含 H_2S 的气体[J]. 中国环境科学, 28(11): 1052-1056.

奚旦立, 马春燕, 2010. 印染废水的分类、组成及性质[J]. 印染, 36(14): 51-53.

张婷, 南忠仁, 俞树荣, 等, 2013. 非均相 Fenton 催化剂用于降解染料废水的实验研究进展[J]. 应用化工, 42(10): 1910-1912.

Ai Z H, Xiao H Y, Mei T, et al., 2008. Electro-Fenton degradation of Rhodamine B based on a composite cathode of Cu_2O nanocubes and carbon nanotubes[J]. The Journal of Physical Chemistry C, 112(31): 11929-11935.

Daud N K, Hameed B H, 2010. Decolorization of Acid Red 1 by Fenton-like process using rice husk ash-based catalyst[J]. Journal of Hazardous Materials, 176（1-3）: 938-944.

Devi L G, Raju K S A, Kumar S G, et al., 2011. Photo-degradation of di azo dye Bismarck Brown by advanced photo-Fenton process: influence of inorganic anions and evaluation of recycling efficiency of iron powder[J]. Journal of the Taiwan Institute of Chemical Engineers, 42（2）: 341-349.

Gosser D K, 1994. Cyclic voltammetry: simulation and analysis of reaction mechanisms[M]. New York: VCH Publishers.

Hu X J, Frank L Y L, Cheung L M, et al., 2001. Copper/MCM-41 as catalyst for photochemically enhanced oxidation of phenol by hydrogen peroxide[J]. Catalysis Today, 68（1）: 129-133.

Ji F, Li C L, Zhang J H, et al., 2011. Efficient decolorization of dye pollutants with $LiFe(WO_4)_2$ as a reusable heterogeneous Fenton-like catalyst[J]. Desalination, 269（1-3）: 284-290.

Kang S F, Liao C H, Hung H P, 1999. Peroxidation treatment of dye manufacturing wastewater in the presence of ultraviolet light and ferrous ions[J]. Journal of Hazardous Materials, 65（3）: 317-333.

Luo Y R, 2003. Handbook of bond dissociation energies in organic compounds[M]. Boca Raton: CRC Press LLC.

Luo M S, Yuan S H, Tong M, et al., 2014. An integrated catalyst of Pd supported on magnetic Fe_3O_4 nanoparticles: simultaneous production of H_2O_2 and Fe^{2+} for efficient electro-Fenton degradation of organic contaminants[J]. Water Research, 48（1）: 190-199.

Masomboon N, Ratanatamskul C, Lu M C, 2009. Chemical oxidation of 2, 6-dimethylaniline in the Fenton process[J]. Environmental Science & Technology, 43（22）: 8629-8634.

Nie Y L, Hu C, Qu J H, et al., 2008. Efficient photodegradation of Acid Red B by immobilized ferrocene in the presence of UVA and H_2O_2[J]. Journal of Hazardous Materials, 154（1-3）: 146-152.

Yeh K J, Chen W S, Chen W Y, 2004. Production of hydroxyl radicals from the decomposition of hydrogen peroxide catalyzed by various iron oxides at pH 7[J]. Practice Periodical of Hazardous Toxic & Radioactive Waste Management, 8（3）: 161-165.

Yu R F, Chen H W, Liu K Y, et al., 2010. Control of the Fenton process for textile wastewater treatment using artificial neural networks[J]. Journal of Chemical Technology and Biotechnology, 85（2）: 267-278.

Yu R F, Chen H W, Cheng W P, et al., 2014. Monitoring of ORP, pH and DO in heterogeneous Fenton oxidation using nZVI as a catalyst for the treatment of azo-dye textile wastewater[J]. Journal of Taiwan Institute of Chemical Engineering, 45（3）: 947-954.

Wang W Y, Ma N N, Sun S L, et al., 2014. Redox control of ferrocene-based complexes with systematically extended π-conjugated connectors: switchable and tailorable second order nonlinear optics[J]. Physical Chemistry Chemical Physics, 16: 4900-4910.

Wang Q, Tian S L, Cun J, et al., 2013. Degradation of methylene blue using a heterogeneous Fenton process catalyzed by ferrocene[J]. Desalination and Water Treatment, 51（28-30）: 5821-5830.

第 3 章 二茂铁催化的类 Fenton 体系处理含酚废水

含酚废水主要来自冶金、制造、炼焦、塑料、化纤、酚醛树脂等冶炼化工行业，是一类高毒性的有机废水。许多酚类化合物具有"三致"(致突变、致癌、致畸)效应和内分泌干扰活性，对人类健康构成巨大的威胁(王红娟等，2002；Pimentel et al.，2008)。酚类化合物易溶于水、化学性质稳定、容易迁移，因此含酚废水的处理受到国内外研究者的广泛关注，且被美国国家环保局列为 129 种优先控制污染物之一，我国也将其列入水污染控制中重点解决的有害废水之一。故本章研究采用 Fc/H_2O_2 体系处理含酚废水的可行性，并重点研究苯酚作为模型化合物在该体系中的降解性能、动力学、过程机制和重要环境因素对氧化效应的影响，以期为发展新型的高级氧化技术提供理论支持。

3.1 Fc/H_2O_2 体系对苯酚的降解性能

3.1.1 Fc/H_2O_2 体系氧化降解苯酚性能

实验的初始条件设定为：H_2O_2 的浓度为理论投加值(例如苯酚的浓度为 $100mol \cdot L^{-1}$，其中有机碳的理论浓度为 $77.4mol \cdot L^{-1}$，则将所有的碳转化为 CO_2 所需的 O_2 浓度为 $206.4mol \cdot L^{-1}$。如 2mol 的 H_2O_2 产生 1mol 的 O_2，则 H_2O_2 的浓度为 $438.6mol \cdot L^{-1}$)、Fc 浓度为 $0.2g \cdot L^{-1}$、反应温度为 (30 ± 1) ℃、pH＝3.3。在上述条件下，对比 Fc、H_2O_2、Fc/H_2O_2

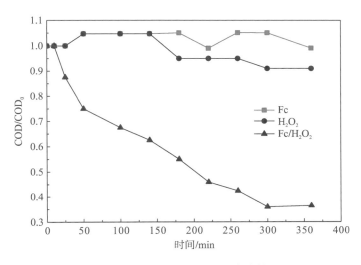

图 3-1 不同体系对苯酚 COD 去除的对比

体系对苯酚 COD 的去除效果，结果如图 3-1 所示。由图 3-1 可见，反应 360min 后，Fc 体系基本不能使苯酚降解，说明单独的 Fc 对苯酚的氧化性能和吸附量都很小；H_2O_2 体系能去除 9.1%的苯酚 COD，比 Fc 效果稍好；而 Fc/H_2O_2 体系对 COD 的去除能达到 63.8%，证明 Fc 作为非均相 Fenton 催化剂能有效氧化降解苯酚废水。

为了研究 Fc 的重复回收对苯酚降解的影响，在每次循环之前将上一循环的 Fc 用去离子水冲洗，并置于烘箱 70℃烘干，按照前面的步骤，加入等量回收的 Fc 和 H_2O_2 进行下一个循环反应，结果如图 3-2 所示。在第一次反应后，Fc/H_2O_2 体系对苯酚的去除能达到 65%左右，至第四次重复使用后 COD 去除率基本保持不变，由此证明 Fc 的催化活性稳定，能够避免传统的均相 Fenton 试剂中 Fe^{2+} 对水体造成的二次污染。

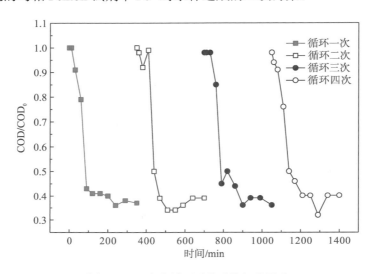

图 3-2　Fc 多次循环对苯酚降解的影响

3.1.2　Fc/H_2O_2 体系氧化降解苯酚机制

AOPs 反应产物包括各种自由基，为了验证 Fc/H_2O_2 体系中对苯酚起催化氧化作用的活性物质是否为·OH，选择在体系中加入·OH 的捕获剂，考察其对苯酚去除率的影响。异丙醇含 α-氢，极易与·OH 反应，但是几乎不和·O_2^- 反应，所以异丙醇可作为·OH 的捕获剂。在体系中加入 25mmol·L^{-1} 的异丙醇(为 H_2O_2 浓度的两倍，确保大部分·OH 被捕捉)，与不加异丙醇的体系作比较，考察其对苯酚去除的影响，结果如图 3-3 所示。由图 3-3 可知，不存在异丙醇时，反应 180min 后，苯酚的去除率达到 100%，但是存在异丙醇时苯酚的去除基本被抑制，所以在 Fc/H_2O_2 体系降解苯酚时起催化氧化作用的活性物质主要是·OH，发生的反应如式(3-1)所示。

$$Fe + H_2O_2 \longrightarrow Fe^+ + OH^- + \cdot OH \tag{3-1}$$

已有研究证明 Fenton 氧化降解苯酚的芳香产物主要有各种二元酚类和醌类，这些产物的毒性往往比苯酚自身的毒性还大，所以有必要考察降解苯酚时这些芳香产物浓度的变化情况。反应间隔一段时间后取出 1mL 溶液，用 NaOH 将其调至 pH=10 以上，加入一滴异

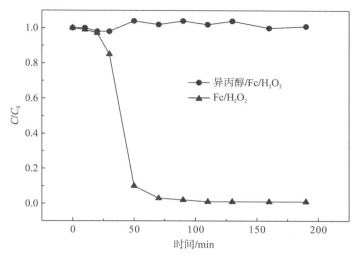

图 3-3　·OH 捕获剂对苯酚去除的影响

丙醇防止氧化反应继续进行，用高效液相色谱仪测定对苯酚、邻苯酚、间苯酚、对苯醌在 Fc/H_2O_2 体系降解苯酚时的浓度变化。4 种物质工作曲线如图 3-4 所示。实验中检测不出邻苯醌和其他醌类，因为该类物质在溶液中极不稳定，没有商业样品。以上几种物质在氧化降解过程中量的变化如图 3-5 所示。由图 3-5 可知，90%以上的苯酚在反应 60min 之内

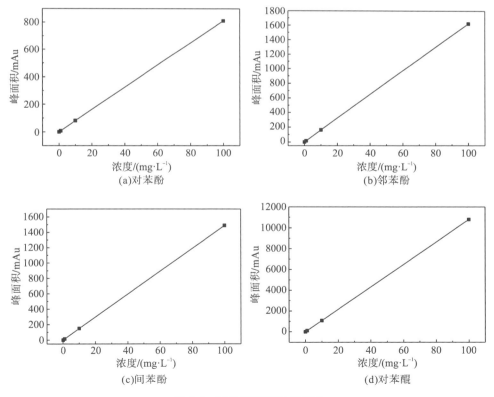

图 3-4　芳香物质的工作曲线

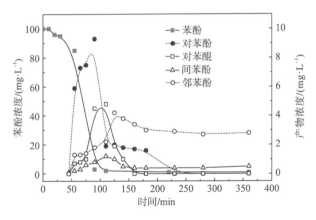

图 3-5　芳香物质在氧化降解苯酚过程中量的变化

已被去除，随着苯酚的减少，对苯酚和对苯醌的浓度迅速增加。对苯酚为主要产物，最高浓度达到 9mg·L^{-1} 以上，为对应时刻对苯醌浓度的 2 倍，但是两者的浓度同时增减，归因于二元酚和对应的醌类在酸性条件下可逆。在溶液中最先出现对苯酚和对苯醌的转换，说明羟基化首先发生在苯酚的对位。邻苯酚的浓度在反应约 108min 时迅速增加，最大浓度稍低于对苯醌的峰值，间苯酚在整个反应过程中浓度一直很低，在反应 300min 后苯酚和各种芳香产物基本被完全去除。

3.2　Fc/H$_2$O$_2$ 体系中苯酚降解的过程机制

3.2.1　Fc/H$_2$O$_2$ 体系中 Fe^{2+} 的溶出

为了确定溶液中起作用的催化剂，测定了溶液中溶出 Fe^{2+} 的浓度（图 3-6），实验表明，在反应的前 30min 内没有 Fe^{2+} 溶出，反应 70min 后只有 9.31×10^{-5}mg·L^{-1} 的 Fe^{2+} 溶出。说明 Fc 性质稳定，在该反应过程中主要以整体的 Fc 形式参与反应，而不是靠游离的铁离子进行反应。

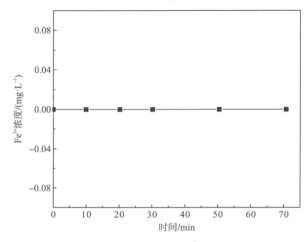

图 3-6　溶在溶液中 Fe^{2+} 的浓度

3.2.2　Fc/H$_2$O$_2$ 与 Fc/H$_2$O$_2$-苯酚体系过程参数对比

为了更清楚地了解 Fc/H$_2$O$_2$ 体系降解苯酚的反应过程，对比了 Fc/H$_2$O$_2$ 和 Fc/H$_2$O$_2$-苯酚体系中 pH 的变化及 H$_2$O$_2$、·OH 和溶解氧(DO)的浓度变化，结果如图 3-7 所示。

由图 3-7(a)可知，当缺少苯酚时，反应 360min 后溶液的 pH 从 3.30 降至 3.13，该现象可用式(3-2)解释。

$$Fc^+ + \cdot OH_2 \longrightarrow Fc + O_2 + H^+ \tag{3-2}$$

在反应的前 90min 内 H$_2$O$_2$ 很难被分解，且 ·OH 的表观浓度增加速率基本一致，原因是振荡不够充分，Fc 与 H$_2$O$_2$ 不能完全接触反应。反应 90min 以后，H$_2$O$_2$ 逐步被分解；反应 150min 后，·OH 的浓度迅速升高；反应 180min 时·OH 的峰值浓度达 2.5μmol·L^{-1}。随后 H$_2$O$_2$ 的分解变得缓慢，·OH 浓度也开始下降，说明 ·OH 是由 H$_2$O$_2$ 分解产生的。在整个反应过程中，DO 的浓度先上升，随后下降，同 ·OH 一样在反应 180min 时达到 11.75mg·L^{-1} 的峰值，这是由 H$_2$O$_2$ 的无效分解所引起，如式(3-3)所示。

$$2H_2O_2 \longrightarrow 2H_2O + O_2 \tag{3-3}$$

然而，当存在苯酚时，各参数的变化情况有很大程度不同。首先，芳香物质的环断裂产生的有机酸使得溶液 pH 从 3.3 下降至 2.8，这种下降的趋势随着苯酚的去除尤为明显。此外，H$_2$O$_2$ 的浓度在反应的前 87.5min 时下降缓慢，但之后迅速被分解；当在反应 270min 时 H$_2$O$_2$ 还剩下 40% 左右，之后基本不能被分解。这同图 3-1 中苯酚 COD 只能被去除 64% 左右是相一致的，当 Fc 的量大于 0.2g·L^{-1} 时，溶液颜色呈现绿色。其原因可能是二茂铁离子与有机酸相结合，抑制了 Fc 的再生。·OH 的浓度变化与无苯酚情况最大的不同在于，反应 60min 内·OH 浓度从 1.50μmol·L^{-1} 急剧上升至 11.39μmol·L^{-1}，尽管此时只有少量的 H$_2$O$_2$ 被分解；之后·OH 的浓度下降，但整个反应过程中·OH 的浓度一直高于无苯酚的情况，推断为某种中间产物能促进 ·OH 的产生。DO 的浓度变化也与无苯酚的情况大为不同，整个反应过程中 DO 浓度均低于 7mg·L^{-1}，有学者在研究 Fenton 试剂降解苯酚时将该现象归结为二价铁离子与有机物形成的复合物与氧分子反应，生成具有氧化特性的中间产物(Tokumura et al.，2011)。与之相似，二茂铁中含二价铁，也可能与有机酸形成复合物，然后与氧分子反应，具体过程如式(3-4)所示。

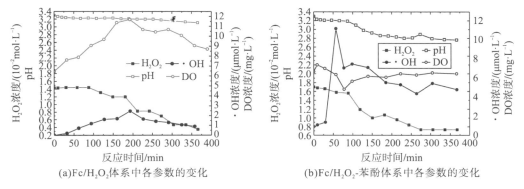

(a)Fc/H$_2$O$_2$体系中各参数的变化　　　　(b)Fc/H$_2$O$_2$-苯酚体系中各参数的变化

图 3-7　氧化反应体系中各参数的动态变化

$$Fc\text{-}复合物 + O_2 \longrightarrow Fc^+ + 氧化活性产物 \qquad (3\text{-}4)$$

很多学者经研究发现 Fenton 试剂降解苯酚产生的一些芳香产物如对苯酚、邻苯酚、对苯醌等能促进 Fenton 反应（Chen et al.，2002；Rodríguez et al.，2001）。研究发现·OH 浓度的急剧上升是随着芳香产物的产生而出现的，而异常的是出现·OH 峰值时 H_2O_2 没有立刻被分解，所以作者推断式(3-4)中的氧化活性产物包括·OH。

3.2.3　芳香产物对苯酚去除率的影响

上述研究中得出氧化降解苯酚过程中的芳香产物可能促进·OH 的产生的结论，为了进一步验证其准确性，实验在 Fc/H_2O_2-苯酚体系中分别加入不同浓度具有代表性的芳香产物，考察其对苯酚去除速率的影响。将实验条件设为：在 Fc/H_2O_2-苯酚体系中分别加入 1.25mmol·L^{-1}、2.5mmol·L^{-1}、5mmol·L^{-1} 的对苯酚、邻苯酚、对苯醌，间隔所设时间后用注射器取 1mL 反应液，调碱后加入 1 滴异丙醇，用高效液相色谱测定苯酚的浓度。结果如图 3-8～图 3-10 所示。间苯酚在降解苯酚的过程中产生的量极少，不予考虑。

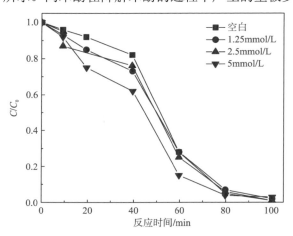

图 3-8　对苯酚对苯酚去除速率的影响

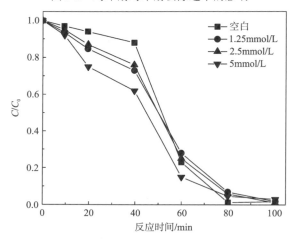

图 3-9　邻苯酚对苯酚去除速率的影响

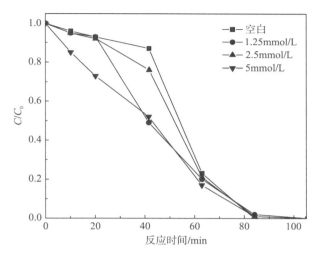

图 3-10　对苯醌对苯酚去除速率的影响

由图 3-8～图 3-10 可知，苯酚的去除速率随着各芳香产物浓度的增加而加快，表明芳香产物确实能促进 ·OH 的产生，加快苯酚的去除，同预想结果一致，且这种促进关系在反应起始阶段较为明显。随着反应的进行，Fc-有机物复合物也可能分解 H_2O_2，产生 ·OH，同 Maezono 等 (2011) 的实验相似。其过程如式 (3-5) 所示。

$$Fc^{II} \text{-} 有机物复合物 + H_2O_2 \longrightarrow \cdot OH + Fc^{III} \text{-} [有机物复合物]^+ \tag{3-5}$$

这是造成苯酚消耗·OH 的情况下比无苯酚时检测出的·OH 浓度更大的原因之一。

综上所述，Fc/H_2O_2 体系氧化降解苯酚的机制可总结为图 3-11。

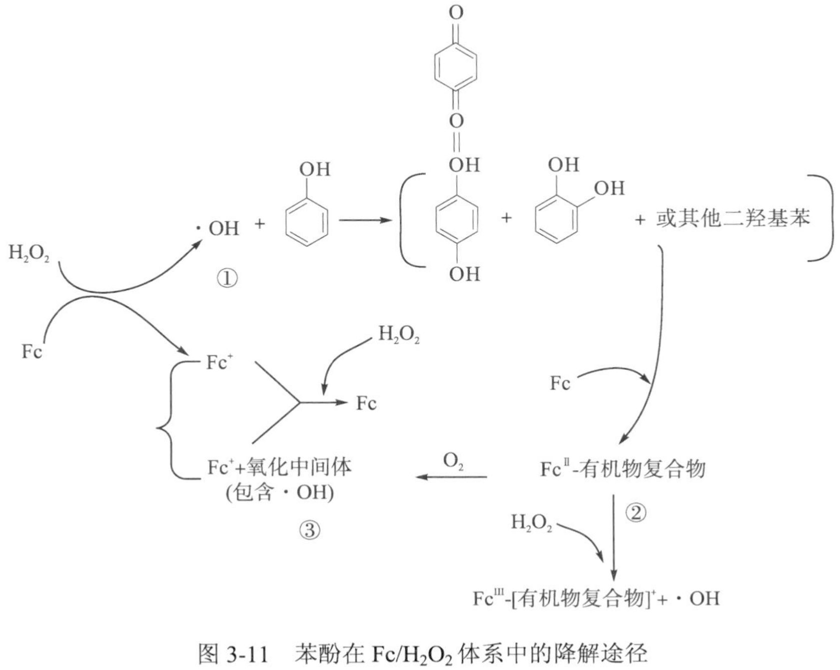

图 3-11　苯酚在 Fc/H_2O_2 体系中的降解途径

Fc 与 H_2O_2 反应生成二茂铁离子和·OH，使苯酚羟基化后生成各种芳香产物，含有二价铁的二茂铁与芳香产物生成二茂铁复合物，该物质的去向有两条途径，一是与 H_2O_2 反应后生成·OH 和高价二茂铁复合物；二是与水中的氧分子反应生成二茂铁离子和活性物质，其中活性物质中也包含·OH。其中一部分二茂铁离子与反应快结束时生成的有机物形成蓝色的二茂铁离子-有机酸复合物。有机物最终将在·OH 的作用下转化为 CO_2 和 H_2O。其中在①、②和③环节能产生·OH，使得 Fc/H_2O_2-苯酚体系在降解苯酚的情况下·OH 的浓度依然高于不存在苯酚的情况。

3.3 Fc/H_2O_2 体系中苯酚降解动力学研究及条件优化

3.3.1   苯酚降解动力学模型

图 3-12 为苯酚的降解的两条途径，一是直接从 A 降解为 C；二是从 A 转化为 B，再从 B 转化为 C。该模型被称为经典模型(Li et al.，1991；Iurascu et al.，2007)。其中 A 代表苯酚；B 代表顽固芳香产物，如对苯酚、邻苯酚、对苯醌等；C 为降解的最终产物，包括 CO_2 和 H_2O，也含一些能生物降解的小分子有机酸；K_1、K_2、K_3 为一级速率常数。假设其中的每个过程为一级动力学，则可得到以下的方程：

$$d[A]/dt = -(K_1 + K_3)[A] \tag{3-6}$$
$$d[B]/dt = K_1[A] - K_2[B] \tag{3-7}$$

[A]代表苯酚的初始 COD 浓度，[B]代表顽固芳香产物的 COD 浓度。当 $t=0$ 时，

$$[B]=0, [A]=[A]_0 \tag{3-8}$$

则[A]和[B]的表达式可写成以下形式：

$$[A] = [A]_0 e^{-(K_1+K_2)t} \tag{3-9}$$
$$[B] = \frac{K_1[A]_0}{K_2 - K_1}[e^{-K_1 t} - e^{-K_2 t}] \tag{3-10}$$

[A]与[B]的和与[A]$_0$ 的比的表达式为

$$\frac{[A]+[B]}{[A]_0} = \frac{[COD]}{[COD]_0} = \frac{K_1}{K_1+K_3-K_2}e^{-K_2 t} - \frac{K_2-K_3}{K_1+K_3-K_2}e^{-(K_1+K_3)t} \tag{3-11}$$

考虑到在实际反应过程中很难将苯酚直接降解成为 CO_2、H_2O 或者小分子有机酸，K_3 与 K_1 和 K_2 比起来很小，可以忽略，所以式(3-11)可写成：

$$\frac{[A]+[B]}{[A]_0} = \frac{[COD]}{[COD]_0} = \frac{K_1}{K_1-K_2}e^{-K_2 t} - \frac{K_2}{K_1-K_2}e^{-K_1 t} \tag{3-12}$$

写成对数形式为

$$\ln\frac{[COD]}{[COD]_0} = \ln(K_1/K_2) + (K_1-K_2)t \tag{3-13}$$

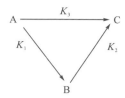

图 3-12　Fc/H$_2$O$_2$ 体系中苯酚降解的动力学模型

3.3.2　H$_2$O$_2$ 浓度对苯酚降解的影响

在苯酚浓度为 100mg·L^{-1}、Fc 浓度为 0.2g·L^{-1}、pH 为 3.3、反应温度为 (30±1)℃的条件下，分析 H$_2$O$_2$ 的浓度为 0.5Q_{th}～2Q_{th}(0.5 倍理论值～2 倍理论值) 对苯酚降解的影响，结果如图 3-13 所示。从图中可以看出，苯酚的降解速率随着 H$_2$O$_2$ 浓度的增加而加快，但是这种趋势在 Q_{th}～2Q_{th} 时并不明显，原因在于过多的 H$_2$O$_2$ 会消耗一部分 ·OH，如式 (3-14) 所示(Xia et al.，2011)：

$$\cdot OH + H_2O_2 \longrightarrow H_2O + HOO\cdot \tag{3-14}$$

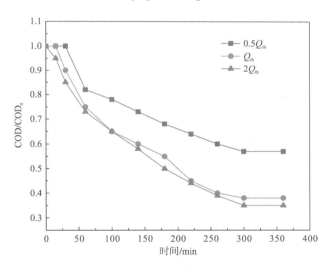

图 3-13　H$_2$O$_2$ 浓度对苯酚降解的影响

图 3-14 为 ln(COD$_0$/COD)-时间关系图，K_1、K_2 的值通过线性回归计算所得，具体数值见表 3-1。从计算结果可以看出，同时考虑处理成本和反应速率，H$_2$O$_2$ 的最佳反应浓度为 Q_{th}。此外，K_1 普遍小于 K_2，表明将芳香产物降解成 CO$_2$、H$_2$O 和其他小分子有机酸比将苯酚转化为芳香产物更为容易，同 3.2 节部分中间产物促进 ·OH 产生的结论相一致。

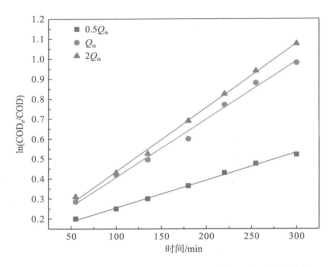

图 3-14　H₂O₂ 浓度对苯酚降解影响的准一级动力学图

表 3-1　不同 H₂O₂ 浓度的动力学参数

H₂O₂ 浓度	K_1	K_2	R^2
$0.5Q_{th}$	0.0133	0.0148	0.9975
Q_{th}	0.0280	0.0310	0.9918
$2Q_{th}$	0.0298	0.0331	0.9950

3.3.3　Fc 浓度对苯酚降解的影响

在苯酚浓度为 100mg·L⁻¹、H₂O₂ 浓度为 Q_{th}、pH 为 3.3、反应温度为 (30±1)℃ 的条件下，分析 Fc 的浓度为 0.1～0.4g·L⁻¹ 对苯酚降解的影响，结果如图 3-15 所示。由图可知，

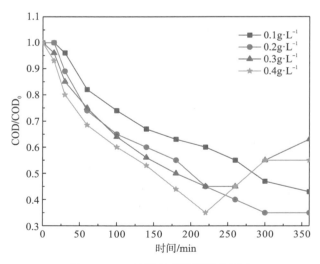

图 3-15　Fc 浓度对苯酚降解的影响

在反应 220min 之前，COD 的去除速率与 Fc 的浓度成正比，但是当其浓度大于 $0.2g \cdot L^{-1}$ 时，反应 220min 以后 COD 值又急剧上升，并伴有反应溶液呈现蓝色的现象，随后蓝色加深。可能的原因是过多的 Fc 会使溶解在溶液中的 Fc 浓度过高，在酸性条件下 Fc 被氧化成 Fc^+，Fc^+ 与有些反应快结束时产生的有机酸结合，生成蓝色的二茂铁离子复合物，所以 Fc 的最佳浓度为 $0.2g \cdot L^{-1}$。图 3-16 为对应的动力学图，计算出的相应动力学参数见表 3-2，结果与 3.3.2 节的结果类似，即 K_1 普遍小于 K_2。

表 3-2　不同 Fc 浓度的动力学参数

Fc 浓度/$(g \cdot L^{-1})$	K_1	K_2	R^2
0.1	0.0175	0.0193	0.9871
0.2	0.0239	0.0268	0.9813
0.3	0.0260	0.0292	0.9856
0.4	0.0296	0.0336	0.9933

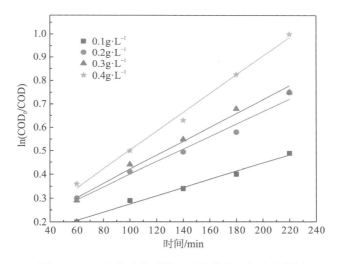

图 3-16　Fc 浓度对苯酚降解影响的准一级动力学图

3.3.4　反应温度对苯酚降解的影响

在苯酚浓度为 $100mg \cdot L^{-1}$、H_2O_2 浓度为 Q_{th}、pH 为 3.3、Fc 浓度为 $0.2g \cdot L^{-1}$ 的条件下，分析反应温度为 25～40℃时苯酚降解的情况，结果如图 3-17 所示。由图可知，反应温度为 30℃时的 COD 去除率和去除速率都比 25℃时高，但是当反应温度高于 30℃时，苯酚的降解受到了抑制，这是因为在一定的范围内，温度越高，越有利于 Fc 和 H_2O_2 之间的碰撞，反应增快；当温度过高时，会造成 H_2O_2 的无效分解。图 3-18 为反应温度对苯酚降解影响的准一级动力学图，表 3-3 为不同反应温度的动力学参数，根据参数可得反应的最佳温度为 30℃。

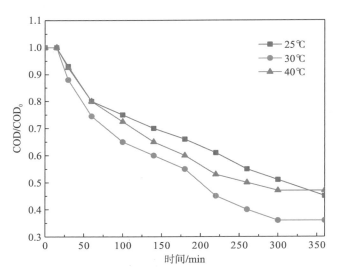

图 3-17　反应温度对苯酚降解的影响

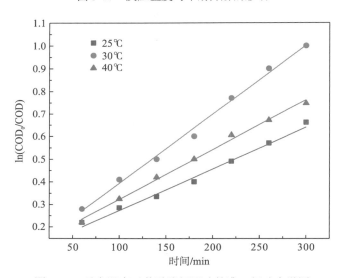

图 3-18　反应温度对苯酚降解影响的准一级动力学图

表 3-3　不同反应温度的动力学参数

反应温度/℃	K_1	K_2	R^2
25	0.019	0.021	0.990
30	0.028	0.031	0.992
40	0.020	0.023	0.993

3.3.5　pH 对苯酚降解的影响

当苯酚浓度为 $100mg \cdot L^{-1}$、其他反应条件均为最佳反应条件时，分析 pH 在 1～9 时 Fc/H_2O_2

体系对苯酚降解的影响，其中用 H_2SO_4 和 NaOH 将溶液调至分析所需 pH，图 3-19 总结了在反应 180min 和 360min 时 pH 对苯酚降解的影响。由图可知，反应的最佳 pH 为 4～6，在此条件下，反应 360min 后 80% 以上的 COD 被去除。出现该现象的原因是在酸性条件下，Fc 很容易被氧化，而过多的 H^+ 会抑制式(3-2)所示反应的进行，从而减缓 Fc 和 Fc^+ 之间的转换速率。

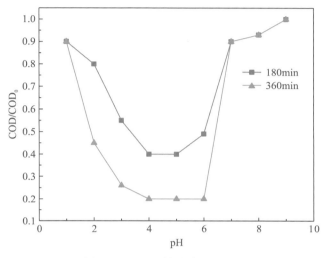

图 3-19　pH 对苯酚降解的影响

3.4　本　章　小　结

本章以颗粒态固体 Fc 代替传统 Fenton 试剂中的 Fe^{2+} 催化剂，以有机废水中普遍存在的苯酚为目标污染物，研究了 Fc/H_2O_2 体系中苯酚的降解性能，探明了苯酚的降解机制，建立了动力学模型，并优化了最佳反应条件。

(1)当反应条件 H_2O_2 浓度为理论投加值、Fc 浓度为 $0.2g·L^{-1}$、反应温度为 30℃、pH 为 3.3 时，Fc/H_2O_2 体系对苯酚呈现良好的去除效果。反应过程中 Fc 保持良好的催化稳定性，且基本无 Fe^{2+} 溶出，自由基捕获实验发现·OH 是 Fc/H_2O_2 体系中氧化降解苯酚最主要的活性物质。

(2)在相同的实验条件下对比 Fc/H_2O_2 体系和 Fc/H_2O_2-苯酚体系在反应过程中的浓度等过程参数的变化，证明了降解苯酚的中间产物对苯酚的降解具有促进作用；在 Fc/H_2O_2-苯酚体系中分别加入降解苯酚时具有代表性的芳香产物(对苯酚、邻苯酚、对苯醌等)，证明了促进苯酚降解的主要物质为芳香产物。

(3)建立了苯酚降解的经典动力学模型，计算出的动力学参数 K_1(代表从苯酚转化为各种芳香产物)小于 K_2(代表芳香产物转化为 CO_2、H_2O 及小分子有机酸)，再次证明了芳香产物能促进·OH 的产生，从而加快了苯酚的降解。由实验及动力学参数可得 Fc/H_2O_2 体系降解苯酚时的最佳反应条件为：H_2O_2 的浓度为理论投加值、Fc 浓度为 $0.2g·L^{-1}$、反应温度为 30℃、pH 为 4～6，在此条件下，苯酚的去除率可达 80% 以上。

参 考 文 献

王红娟, 奚红霞, 夏启斌, 等, 2002. 含酚废水处理技术的现状与开发前景[J]. 工业水处理, 66(6): 6-9.

Chen F, Ma W H, He J J, et al., 2002. Fenton degradation of Malachite green catalyzed by aromatic additives[J]. The Journal of Physical Chemistry A, 106(41): 9485-9490.

Iurascu B, Siminiceanu I, Vione D, et al., 2007. Phenol degradation in water through a heterogeneous photo-Fenton process catalyzed by Fe-treated laponite[J]. Water Research, 43(5): 1313-1322.

Li L X, Chen P S, Gloyna E F, 1991. Generalized kinetic model for wet oxidation of organic compounds[J]. AIChE Journal, 37(11): 1687-1697.

Maezono T, Tokumura M, Sekine M, et al., 2011. Hydroxyl radical concentration profile in photo-Fenton oxidation process: generation and consumption of hydroxyl radicals during the discoloration of azo-dye Organge II[J]. Chemosphere, 82(10): 1422-1430.

Pimentel M, Oturan N, Dezotti M, 2008. Phenol degradation by advanced electrochemical oxidation process electro-Fenton using a carbon felt cathode[J]. Applied Catalysis B: Environmental, 83(1-2): 140-149.

Rodríguez J, Parra C, Contreras, et al., 2001. Dihydroxybenzenes: driven Fenton reactions[J]. Water Science and Technology, 44(5): 251-256.

Tokumura M, Morito R, Hatayama R, et al., 2011. Iron redox cycling in hydroxyl radical generation during the photo-Fenton oxidative degradation: dynamic change of hydroxyl radical concentration[J]. Applied Catalysis B: Environmental, 106(3-4): 565-576.

Xia M, Long M C, Yang Y D, et al., 2011. A highly active bimetallic oxides catalyst supported on Al-containing MCM-41 for Fenton oxidation of phenol solution[J]. Applied Catalysis B: Environmental, 110: 118-125.

第4章 光助-Fc/H₂O₂ 非均相体系降解废水中有机污染物

光助 Fenton(Fe^{2+}/Fe^{3+}/H_2O_2)氧化法是一种消除水中有机污染物常见的方法,其因具有操作简便、经济、环保等优点,被广泛应用于有机废水的处理(魏红等,2017;Zhang et al.,2016)。其机制是将氧化剂、催化剂与光电、超声波、臭氧等技术相结合,产生具有强氧化性的 ·OH,从而降解有机污染物(Clarizia et al.,2017)。前面章节已证实基于二茂铁催化的类 Fenton 氧化法对废水中有机化合物具有较好的去除效果,本章结合二茂铁良好的吸光特性,构建光助-Fc/H_2O_2 非均相体系(UV/Fc/H_2O_2 体系),选取有机废水中的磺胺类抗生素和罗丹明 B 为模型化合物,研究其在 UV/Fc/H_2O_2 体系中的降解性能,详细研究 pH、二茂铁浓度、H_2O_2 浓度对目标污染物降解的影响,通过电子自旋共振和自由基捕获实验研究目标化合物在该体系中的降解机制、途径和产物,并考察废水中典型的溶解性组分对目标污染物在 UV/Fc/H_2O_2 体系中降解的影响。研究结果有望发展基于二茂铁的新型光助类 Fenton 氧化技术,并为有机废水治理和消除水体中抗生素等新型污染物提供新的修复策略和技术支撑。

4.1 UV/Fc/H₂O₂ 体系氧化降解废水中罗丹明 B 的性能

4.1.1 UV/Fc/H₂O₂ 体系对罗丹明 B 的降解性能

为考察非均相 UV/Fc/H_2O_2 体系对罗丹明 B 的降解性能,比较了 Fc、UV、UV/Fc、H_2O_2/Fc 和 UV/Fc/H_2O_2 5 种体系对罗丹明 B 废水的降解效果,实验条件为:H_2O_2 浓度为 $3\times10^{-2}mol\cdot L^{-1}$、Fc 浓度为 $0.27g\cdot L^{-1}$、pH 为 3、温度为(30±1)℃、紫外光波长为 254nm,结果如图 4-1 所示。由图 4-1 可见,UV 光照很难去除罗丹明 B,说明单独的 UV 光照对罗丹明 B 的光解性能低;Fc 催化分解罗丹明 B 时,其去除率也很低,说明单独的 Fc 对罗丹明 B 的氧化降解和吸附量很少,几乎可以忽略;与 TiO_2 光催化不同,UV/Fc 体系对罗丹明 B 的去除率在反应 70min 时只达到 6%,说明 Fc 的光敏特性很低;而 H_2O_2/Fc 体系对罗丹明 B 的去除率明显增加,在反应 70min 时罗丹明 B 的去除率达到 88.8%,证明 Fc 可作为非均相 Fenton 催化剂降解废水中的罗丹明 B;当增加了 254nm 的紫外光照时,与 H_2O_2/Fc 体系相比,UV/Fc/H_2O_2 体系对罗丹明 B 的去除速率大大增加,在反应 70min 时的去除率达到了 97.55%,说明 Fc 作为非均相 Fenton 催化剂是可行的。此外,UV/Fc/H_2O_2 体系下,COD 的去除率在反应 80min 时达 86%,比罗丹明 B 的去除率低,说明该体系下罗丹明 B 的降解会产生难生物降解的有机物。

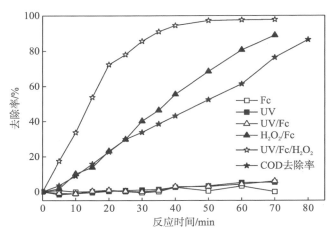

图 4-1　不同体系对罗丹明 B 去除的比较及 UV/Fc/H₂O₂ 体系对罗丹明 B 的 COD 去除情况

实验条件为：H₂O₂ 为浓度 3×10^{-2}mol·L^{-1}、pH 为 3、温度为 (30 ± 1)℃、紫外光波长为 254nm、$c_{Fc}=c_{Fe^{2+}}=0.00145$mol·L^{-1}，结果如图 4-2 所示。从图中可看出，传统的光助 Fenton 体系在反应 10min 之内对罗丹明 B 的去除率达 97%以上，而 UV/Fc/H₂O₂ 体系可在反应 50min 左右完全去除罗丹明 B，且能避免均相 Fenton 试剂 Fe^{2+}流失的弊端。

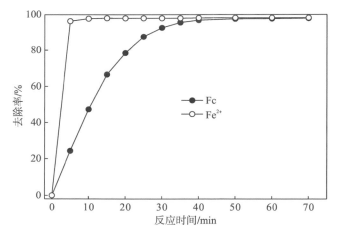

图 4-2　UV/Fc/H₂O₂ 和 UV/Fe^{2+}/H₂O₂ 体系对罗丹明 B 去除的对比

4.1.2　UV/Fc/H₂O₂ 体系氧化降解罗丹明 B 过程机制

AOPs 反应产物中包括各种自由基，为了研究 UV/Fc/H₂O₂ 体系中对罗丹明 B 起催化氧化作用的活性物质，在体系中分别加入不同的自由基捕获剂，考察其对罗丹明 B 去除效果的影响。异丙醇含 α-氢，极易与·OH 反应，但是几乎不和·O₂⁻反应(Hwang et al.，2010)，所以异丙醇可作为·OH 的捕获剂，叔丁醇可以作为各种中间活性物质包括·OH 的捕获剂(Monteagudo et al.，2011)。实验条件为：H₂O₂ 浓度为 3×10^{-2} mol·L^{-1}、Fc 浓度为 0.27g·L^{-1}、pH 为 3、温度为 (30 ± 1)℃、紫外光波长为 254nm，分别加入 0.06mol·L^{-1}（为 H₂O₂

浓度的 2 倍，确保捕捉大部分的活性物质）的异丙醇和叔丁醇，结果如图 4-3 所示。结果表明，在反应 70min 时，添加了异丙醇和叔丁醇对应的罗丹明 B 的去除率分别为 59.38%（40.62%的·OH 贡献被捕获）和 12.92%（87.08%的·OH 和其他活性物质贡献被捕获）。由此说明在催化的过程中·OH 的贡献占了一半左右，而其他活性物质对催化降解的贡献也近一半，所以在 UV/Fc/H₂O₂ 体系降解罗丹明 B 时起催化氧化作用的活性物质主要是·OH 和其他活性物质。

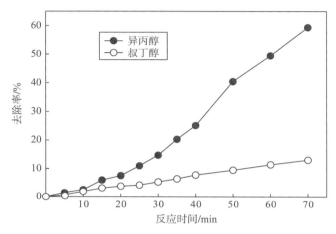

图 4-3　不同的捕获剂对罗丹明 B 去除的影响

　　通常，罗丹明 B 的降解途径有两个过程：N-脱乙基作用和共轭氧杂蒽环结构的分解（Ai et al.，2007）。图 4-4 显示了罗丹明 B 在基准条件下每隔 5min 的吸收光谱变化，反应条件为：H₂O₂ 浓度为 $3×10^{-2}mol·L^{-1}$、Fc 浓度为 $0.27g·L^{-1}$、pH 为 3、温度为（30±1）℃、紫外光波长为 254nm。由图 4-4 可知，反应 30min 时罗丹明 B 在 554nm 处的吸收峰基本消失，随着反应的进行，其颜色由粉红色逐渐褪去，对应着罗丹明 B 的共轭氧杂蒽环分解，吸收峰没有出现明显的蓝移，说明没有出现 N-脱乙基作用。UV/Fc/H₂O₂ 体系中罗丹明 B 的降解主要是由共轭氧杂蒽结构的分解引起的。

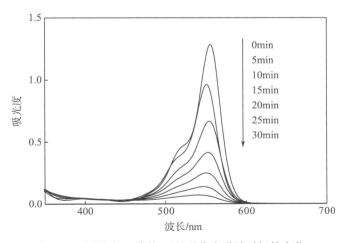

图 4-4　罗丹明 B 紫外-可见吸收光谱随时间的变化

综上所述，UV/Fc/H$_2$O$_2$ 体系降解罗丹明 B 的机制如式(4-1)所示。

$$ \begin{array}{c} \text{UV} \\ \text{Fc} \quad\searrow\quad\swarrow\quad \text{Fc}^+ \\ \text{H}_2\text{O}_2 \quad\nearrow\quad\nwarrow\quad \cdot\text{OH/其他物质} + \text{罗丹明B} \longrightarrow \text{中间产物} \longrightarrow \text{CO}_2+\text{H}_2\text{O} \end{array} \qquad (4\text{-}1) $$

在 H$_2$O$_2$ 浓度为 3×10^{-2}mol·L^{-1}、Fc 浓度为 0.27g·L^{-1}、pH 为 3、温度为(30±1)℃、紫外光波长为 254nm 条件下，研究了重复回收催化剂对罗丹明 B 去除的影响，结果如图 4-5 所示。在每次循环之前将上一循环的 Fc 用去离子水冲洗，并置于烘箱 70℃烘干。按照前面的步骤，加入等量的 Fc、H$_2$O$_2$ 进行下一个循环反应。经过循环使用 3 次 Fc 后，模拟废水的去除率都能达到 99%以上。说明 Fc 的催化活性稳定，能够避免传统的均相光助 Fenton 体系中 Fe^{2+} 对水体造成的二次污染。

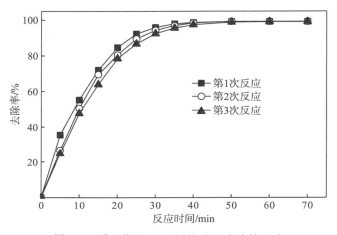

图 4-5　循环使用 Fc 对罗丹明 B 去除的影响

在第 1 次反应过程中测定 Fe^{2+} 溶出的浓度，实验证明在反应的前 30min 内没有 Fe^{2+} 溶出，反应 70min 后只有 9.31×10^{-5}mg·L^{-1} 的 Fe^{2+} 溶出。结果表明，UV/Fc$_2$/H$_2$O 非均相催化反应过程中 Fc 性质稳定，在该反应过程中主要以整体的 Fc 形式参与反应。

4.1.3　水环境因素对罗丹明 B 氧化降解的影响

图 4-6 对比了 Fc 颗粒大小对罗丹明 B 去除的影响，反应条件为：H$_2$O$_2$ 浓度为 3×10^{-2}mol·L^{-1}、Fc 浓度为 0.27g·L^{-1}、pH 为 3、温度为(30±1)℃、紫外光波长为 254nm。结果表明，粉末状的 Fc 去除速率比颗粒状的稍快，因为粉末状的 Fc 表面积比较大，可以更充分地与溶液接触反应。但是考虑到回收催化剂的难易程度，建议使用颗粒状的 Fc。

H$_2$O$_2$ 浓度对罗丹明 B 去除的影响如图 4-7 所示。实验条件为：Fc 浓度为 0.27g·L^{-1}、pH 为 3、温度为(30±1)℃、紫外光波长为 254nm。结果表明，H$_2$O$_2$ 浓度从 3.5×10^{-3}mol·L^{-1} 升至 7×10^{-3}mol·L^{-1} 时，废水中罗丹明 B 的去除速率随之加快，而投加浓度从 1.5×10^{-2}mol·L^{-1} 增加到 3×10^{-2}mol·L^{-1} 时，去除速率几乎不变，这是因为 H$_2$O$_2$ 浓度小于 1.5×10^{-2}mol·L^{-1} 时，

随着 H₂O₂ 的增加，产生的 •OH 增多，H₂O₂ 得到有效利用；当 H₂O₂ 浓度大于 $1.5\times10^{-2}\text{mol·L}^{-1}$ 时，会造成 •OH 的分解（Xia et al.，2011）：

$$\cdot OH+H_2O_2 \longrightarrow H_2O+HOO\cdot \tag{4-2}$$

该过程使 H₂O₂ 的利用率下降，所以 H₂O₂ 的最佳浓度为 $1.5\times10^{-2}\text{mol·L}^{-1}$。

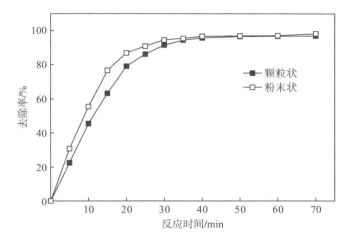

图 4-6　二茂铁颗粒大小对罗丹明 B 去除的影响

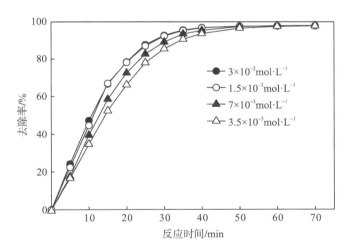

图 4-7　H₂O₂ 浓度对罗丹明 B 去除的影响

　　Fc 浓度对罗丹明 B 去除的影响如图 4-8 所示，实验条件为：H₂O₂ 浓度为 $1.5\times10^{-2}\text{mol·L}^{-1}$、pH 为 3、温度为（30±1）℃、紫外光波长为 254nm、投加不同浓度的 Fc。当 Fc 浓度从 0.04g·L^{-1} 增加到 0.13g·L^{-1} 时，罗丹明 B 的去除速率逐渐加快。但从 0.13g·L^{-1} 增加到 0.27g·L^{-1} 对应的去除速率几乎没有变化，这是因为催化剂过多而缺乏 H₂O₂。所以 Fc 的最佳浓度为 0.13g·L^{-1}。

　　反应条件为：H₂O₂ 浓度为 $1.5\times10^{-2}\text{mol·L}^{-1}$、Fc 浓度为 0.13g·L^{-1}、温度为（30±1）℃、紫外光波长为 254nm，反应 70min 后不同 pH 对罗丹明 B 去除的影响如图 4-9 所示。在

酸性条件下，模拟废水的去除率没有明显的区别，在反应 70min 时去除率都在 97.65%以上，是因为 Fc 在酸性条件下容易失去电子(Wilkinson et al.，1952)，加快了 H_2O_2 的分解。而当溶液的 pH 为 7 和 8 时，去除率明显下降，在反应 70min 时分别为 80.75%和 54.41%，但此后该条件下仍保持一定的去除速率，说明只要有足够的时间，就能达到理想的效果，克服了传统光助 Fenton 反应适用 pH 范围窄的缺陷。

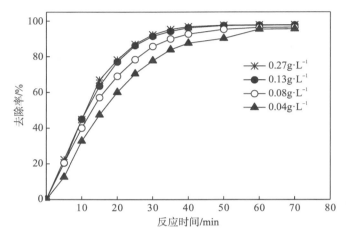

图 4-8　Fc 浓度对罗丹明 B 去除的影响

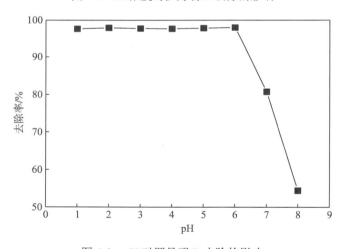

图 4-9　pH 对罗丹明 B 去除的影响

4.2　UV/Fc/H$_2$O$_2$ 体系氧化降解废水中磺胺类抗生素

4.2.1　不同体系中磺胺类抗生素的降解性能比较

在模拟太阳光照条件下，考察了磺胺甲噁唑和磺胺二甲基嘧啶在 H_2O_2 和 Fc 共存体系中的催化降解性能。在室温下，将实验的初始条件设定为：磺胺甲噁唑和磺胺二甲基嘧啶的浓度为 $20\mu mol\cdot L^{-1}$、二茂铁浓度为 $0.25g\cdot L^{-1}$、H_2O_2 浓度为 $25mmol\cdot L^{-1}$、pH=3。图

4-10(a)和图 4-10(b)分别为磺胺甲噁唑和磺胺二甲基嘧啶在 Fc、UV/Fc、H₂O₂、UV/H₂O₂、H₂O₂/Fc、UV/Fc/H₂O₂ 体系中的降解动力学。结果表明,磺胺甲噁唑在光助非均相类 Fenton 氧化体系中的降解遵循准一级反应动力学($R>0.98$,$P<0.05$)。在黑暗对照组中,当体系中仅存在 Fc 或 H₂O₂ 时,磺胺甲噁唑基本不降解,而在 H₂O₂/Fc 体系中,磺胺甲噁唑的准一级反应速率常数 $k=0.564h^{-1}$,降解速率有显著提高,结果与 Wang 等(2014)的研究结果一致,即在黑暗条件下,Fc 能催化 H₂O₂ 生成·OH 促进磺胺甲噁唑的降解。在光照条件下,磺胺甲噁唑在 Fc、H₂O₂ 和 H₂O₂/Fc 体系中的 k 值分别为 $0.396h^{-1}$、$0.602h^{-1}$ 和 $2.028h^{-1}$。由此可得,磺胺甲噁唑在 UV/Fc/H₂O₂ 体系中的降解效果最好[图 4-10(a)],比其他 5 种体系的降解速率提高了 3 倍以上。

从图 4-10(b)中可知,在黑暗条件下,磺胺二甲基嘧啶的降解也无显著变化($P>0.05$),Fc 对磺胺二甲基嘧啶降解的影响可以忽略不计。然而在光照条件下(UV/Fc 体系),磺胺二甲基嘧啶在光照时间内降解明显,说明 Fc 具有一定的光敏特性。同样,在黑暗条件下,H₂O₂ 体系中的磺胺二甲基嘧啶基本不降解,说明 H₂O₂ 难以直接氧化降解磺胺二甲基嘧啶。而加入 Fc(UV/Fc 体系)或光照条件下(UV/H₂O₂ 体系)对磺胺二甲基嘧啶的降解具有明显的促进效应,表明体系可诱发产生·OH,进而促进了磺胺二甲基嘧啶的降解。当在 UV/H₂O₂ 体系中加入 Fc 后,磺胺二甲基嘧啶的降解相对于其他体系急剧加快,与 H₂O₂/Fc 体系相比,磺胺二甲基嘧啶的降解速率提高了 1 倍以上,说明本书所构建的基于 Fc 的光助非均相 Fenton 氧化体系用于磺胺类抗生素的降解是切实可行的,且磺胺甲噁唑的降解效果更好。

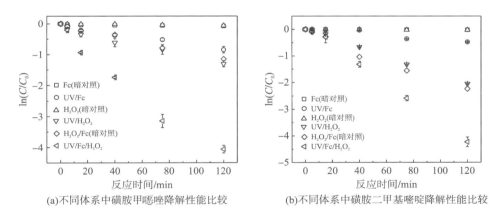

(a)不同体系中磺胺甲噁唑降解性能比较　　　　(b)不同体系中磺胺二甲基嘧啶降解性能比较

图 4-10　不同体系中磺胺甲噁唑和磺胺二甲基嘧啶降解性能的比较

4.2.2　影响 UV/Fc/H₂O₂ 体系氧化降解磺胺类抗生素的因素

光助 Fenton 氧化法的降解效率受 pH、催化剂用量、H₂O₂ 浓度等因素影响(Nie et al.,2008;Wang et al.,2014),同理这些因素也会影响 UV/Fc/H₂O₂ 非均相体系对磺胺类抗生素的降解情况。在室温下,初始反应条件为:磺胺甲噁唑和磺胺二甲基嘧啶的浓度均为 $20\mu mol·L^{-1}$、二茂铁浓度为 $0.25g·L^{-1}$、H₂O₂ 浓度为 $25mmol·L^{-1}$。由图 4-11(a)可知,在 pH 为 3~8 时,随着 pH 不断增加,磺胺甲噁唑的反应速率常数 k 不断下降,k 值从 $(2.03\pm0.05)h^{-1}$ 降到 $(0.14\pm0.01)h^{-1}$,当 pH>8 时,k 值降到最低,且趋于不变。图 4-11(b)

结果表明，pH＝3 时，磺胺二甲基嘧啶的反应速率常数(k)值最大，降解最快。随着 pH 不断升高，k 值不断减小，当 pH＞5 时，k 值降到最低，且趋于不变。以上结果与前人对 Fenton 体系的研究结果相符(Li et al.，2016b；Xiao et al.，2016)，即酸性条件下有利于污染物降解。这是因为在酸性条件下，H_2O_2 更稳定，能够产生更多的·OH，从而提高磺胺甲噁唑和磺胺二甲基嘧啶的降解速率；而在碱性条件下，H_2O_2 更易于分解成 H_2O 和 O_2，导致·OH 的生成效率大大降低，从而抑制了磺胺甲噁唑和磺胺二甲基嘧啶降解。

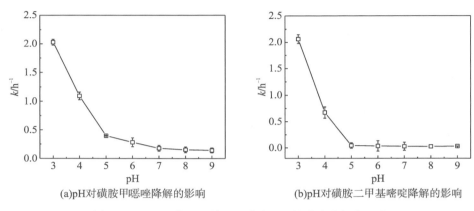

(a)pH对磺胺甲噁唑降解的影响　　　　　　　　(b)pH对磺胺二甲基嘧啶降解的影响

图 4-11　pH 对磺胺甲噁唑和磺胺二甲基嘧啶降解的影响

在 UV/Fc/H_2O_2 体系中，研究了二茂铁浓度对磺胺甲噁唑和磺胺二甲基嘧啶降解的影响。在室温下，磺胺甲噁唑和磺胺二甲基嘧啶的浓度均为 $20\mu mol\cdot L^{-1}$，H_2O_2 浓度为 $25mmol\cdot L^{-1}$，pH＝3，二茂铁浓度分别为 $0.1g\cdot L^{-1}$、$0.25g\cdot L^{-1}$、$0.5g\cdot L^{-1}$、$0.75g\cdot L^{-1}$、$1.0g\cdot L^{-1}$。Fc 浓度对磺胺甲噁唑降解的影响如图 4-12(a)所示，随着 Fc 浓度从 $0.1g\cdot L^{-1}$ 增加到 $1.0g\cdot L^{-1}$，k 值从 $(1.15\pm0.17)h^{-1}$ 增加到 $(2.71\pm0.09)h^{-1}$。Fc 浓度对磺胺二甲基嘧啶降解的影响如图 4-12(b)所示，随着 Fc 浓度从 $0.1g\cdot L^{-1}$ 增加到 $1.0g\cdot L^{-1}$，k 值呈现先快增加而后变缓的趋势，其中从 $0.3g\cdot L^{-1}$ 增加到 $1.0g\cdot L^{-1}$ 时 k 值变化趋缓，这是因为催化剂不断增加导致 H_2O_2 相对不足，使得·OH 产生的速率趋于稳定，从而使磺胺二甲基嘧啶的降解速率也趋于稳定。

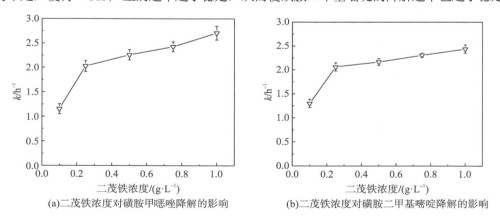

(a)二茂铁浓度对磺胺甲噁唑降解的影响　　　　　(b)二茂铁浓度对磺胺二甲基嘧啶降解的影响

图 4-12　二茂铁浓度对磺胺甲噁唑和磺胺二甲基嘧啶降解的影响

通过考察 H_2O_2 浓度对磺胺甲噁唑和磺胺二甲基嘧啶降解的影响发现了 k 值与 H_2O_2 浓度有关。初始反应条件为：在室温下，磺胺甲噁唑和磺胺二甲基嘧啶的浓度为 $20\mu mol\cdot L^{-1}$，pH＝3，二茂铁浓度为 $0.25g\cdot L^{-1}$，H_2O_2 浓度分别为 $5mmol\cdot L^{-1}$、$12.5mmol\cdot L^{-1}$、$25mmol\cdot L^{-1}$、$37.5mmol\cdot L^{-1}$、$50mmol\cdot L^{-1}$。当 H_2O_2 浓度从 $5mmol\cdot L^{-1}$ 升至 $50mmol\cdot L^{-1}$ 时，磺胺甲噁唑和磺胺二甲基嘧啶反应速率常数 k 值均是先增大后减小，而磺胺甲噁唑在 H_2O_2 浓度为 $12.5mmol\cdot L^{-1}$[图 4-13(a)]左右降解速率最大，磺胺二甲基嘧啶在 H_2O_2 浓度为 $25mmol\cdot L^{-1}$[图 4-13(b)]左右降解速率最大。这是因为在低浓度下，随着 H_2O_2 浓度的升高，产生的·OH 量增多，促进了磺胺甲噁唑和磺胺二甲基嘧啶的降解；随着 H_2O_2 浓度不断升高，过量的 H_2O_2 会消耗一部分体系中产生的·OH（Ferro et al.，2017），进而抑制磺胺甲噁唑和磺胺二甲基嘧啶降解。

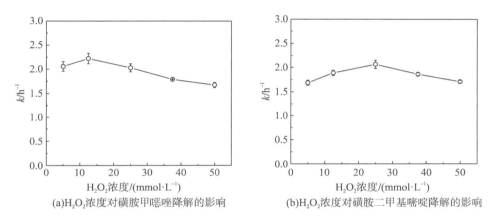

(a)H₂O₂浓度对磺胺甲噁唑降解的影响　　(b)H₂O₂浓度对磺胺二甲基嘧啶降解的影响

图 4-13　H₂O₂浓度对磺胺甲噁唑和磺胺二甲基嘧啶降解的影响

4.2.3　二茂铁的稳定性

在光助 Fenton 体系中，二茂铁具有良好的催化活性，能更高效率地产生·OH，但其稳定性和循环使用特性尚待研究。本节考察了二茂铁 5 次回收循环使用时磺胺甲噁唑降解情况的变化。用滤纸收集溶液中的二茂铁，用去超纯水冲洗两三遍，并置于烘箱烘干，通风保存。在同样条件下，进行下一个循环反应。结果如图 4-14 所示，循环再生后的 Fc 表现出良好的催化性能和稳定性，即使经过 5 次循环使用，磺胺甲噁唑的降解效率仍基本保持不变，说明 Fc 在 UV/Fc/H₂O₂ 体系中具有良好的稳定性和很高的催化活性，且能够避免传统的均相光助 Fenton 体系对水体造成的二次污染。

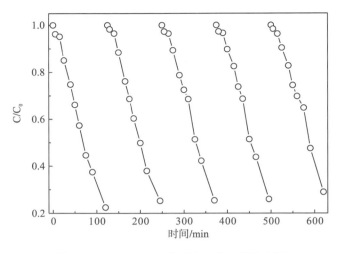

图 4-14　UV/Fc/H$_2$O$_2$ 体系中二茂铁的稳定性

4.3　UV/Fc/H$_2$O$_2$ 体系中磺胺甲噁唑的降解机制

4.3.1　磺胺甲噁唑降解过程中的自由基反应

以往研究(Hofman-Caris et al.，2015；Lee et al.，2016)表明光助 Fenton 体系中污染物的降解与·OH 有关，且·OH 起主要作用。如图 4-15 所示，往光助-Fc/H$_2$O$_2$ 体系中加入 80mmol·L^{-1} 的 5,5-二甲基-1-吡咯啉-N-氧化物(5,5-dimethyl-1-pyridine-N-Oxide，DMPO)，采用电子自旋共振技术检测 UV/Fc/H$_2$O$_2$ 体系中的·OH。在 0min 时，磁场强度很低，未检测到自由基产生，随着光照时间不断增加，磁场强度不断增加，并且出现了一个相对强度比为 1∶2∶2∶1 的 EPR 四重峰，这是 DMPO-·OH 加合物的特征峰，这一结果证实了 Fc 催化的光助 Fenton 体系中产生了·OH。

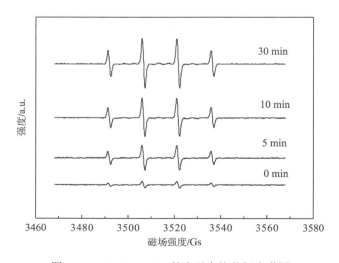

图 4-15　DMPO-·OH 的电子自旋共振光谱图

为进一步探明·OH 对污染物降解的贡献强弱，本书采用异丙醇作为·OH 捕获剂，研究·OH 对磺胺甲噁唑降解的影响。如图 4-16 所示，往 UV/Fc/H₂O₂ 体系中添加了一定量的异丙醇后，抑制磺胺甲噁唑降解的效果十分明显，降解速率只有原来的 13% 左右，表明在 UV/Fc/H₂O₂ 体系中·OH 是导致磺胺甲噁唑降解最主要的活性物质。通常情况下，光助 Fenton 体系中的·OH 主要通过两种途径产生，一种是 H₂O₂ 分子在催化剂和光照条件下，催化产生·OH；另一种是催化剂在光照情况下辐射产生电子，溶液中的 H₂O₂ 和溶解氧可以结合电子产生·OH 和·O₂⁻，同时·O₂⁻ 易与 H⁺ 结合生成 H₂O₂，又能在光照条件下或结合电子产生·OH(Curz et al.，2017；Hou et al.，2017；Qin et al.，2015；Zhang et al.，2016)。因此，推断出 Fc 催化的光助 Fenton 体系中的相关反应如下：

$$Fc + h\nu(\lambda > 290nm) \longrightarrow Fc^+ + e^- \tag{4-3}$$

$$Fc + H_2O_2 \longrightarrow Fc^+ + \cdot OH + OH^- \tag{4-4}$$

$$e^- + O_2 \longrightarrow \cdot O_2^- \tag{4-5}$$

$$2 \cdot O_2^- + 2H^+ \longrightarrow H_2O_2 + O_2 \tag{4-6}$$

$$H_2O_2 + e^- \longrightarrow \cdot OH + OH^- \tag{4-7}$$

$$H_2O_2 + h\nu \longrightarrow 2 \cdot OH \tag{4-8}$$

$$Fc^+ + H_2O_2 \longrightarrow Fc + H^+ + \cdot HO_2 \tag{4-9}$$

从图 4-10(a) 可以看出，磺胺甲噁唑在 H₂O₂/Fc 和 H₂O₂/UV 两个体系中有显著降解，表明式(4-4)和式(4-8)是不可忽略的；此外，还表明了在 Fc 催化的光助 Fenton 体系中，磺胺甲噁唑的降解速度比在 H₂O₂/Fc 和 H₂O₂/UV 体系中快，k 值分别是这两个体系的 3.6 倍和 3.4 倍，这意味着式(4-3)、式(4-5)～式(4-7)在整个抗生素降解过程中起主要作用。同时也可以推测，在 Fc 催化的光助 Fenton 体系，二茂铁通过 UV 光照[式(4-3)]产生电子穿梭转移，是整个反应链的起点，对抗生素的降解起着关键作用。

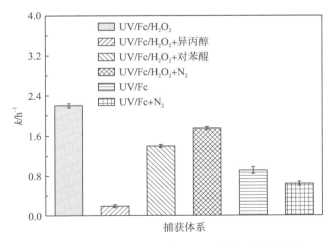

图 4-16　不同捕获体系对磺胺甲噁唑降解速率的影响

为了验证这一假设，本书构建了一个新 UV/Fc 体系，专门研究电子生成和穿梭转移，并利用 XTT 钠盐探针鉴定·O₂⁻ 的生成。从图 4-17 可以看出，在 UV/Fc 体系中加入了一定量的 XTT 钠盐后，在 470nm 处出现了明显的 XTT-•O_2^- 吸收峰(Li et al.，2015a)，说明二茂铁在紫外光照下产生了电子，O_2 和电子反应生成了•O_2^-［式(4-5)］，同时也表明在 Fc 催化的光助 Fenton 体系中可通过电子穿梭转移产生•O_2^-。再利用 EPR 实验进一步证实•O_2^- 的生成，由于•O_2^- 在二甲基亚砜(dimethyl sulfoxide，DMSO)溶液中的寿命是水中的 10 倍，为了便于检测分析体系中的•O_2^-，用 DMSO 配制 UV/Fc 体系，选用 DMPO 作为•O_2^- 捕获剂。由图 4-18 可知，在 0min 时未检测到任何自由基产生，说明在没有紫外光照下，二茂铁无法产生电子，随着光照增加，在 30min 后，检测到了明显的 DMPO-•O_2^- 六重特征峰，说明 UV/Fc 体系中有•O_2^- 产生，同时证实了 UV/Fc/H_2O_2 体系中有•O_2^- 产生。

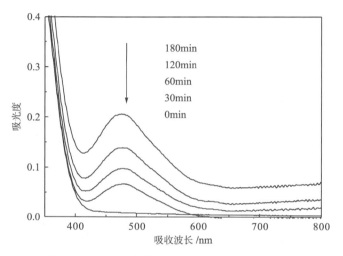

图 4-17　UV/Fc 体系中 XTT-•O_2^- 的表观动力学

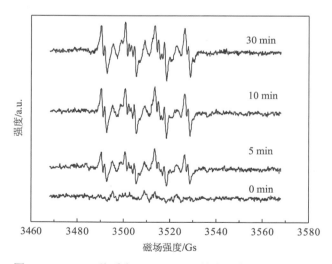

图 4-18　UV/Fc 体系中 DMPO-•O_2^- 的电子自旋共振光谱图

上述结果已证实 UV/Fc/H₂O₂ 体系中既产生了 ·OH，又产生了 ·O₂⁻。为进一步探明 ·O₂⁻ 对磺胺甲噁唑降解的贡献强弱，本书采用对苯醌作为 ·O₂⁻ 捕获剂，研究 ·O₂⁻ 对磺胺甲噁唑降解的影响。如图 4-16 所示，往体系中添加了一定量的对苯醌后，抑制磺胺甲噁唑降解的效果不明显，表明在 UV/Fc/H₂O₂ 系统中 ·O₂⁻ 不是导致磺胺甲噁唑降解最主要的活性物质，这和 ·OH 起主要降解作用相符合。通过往体系中通 N₂，去除 O₂，抑制 O₂ 和电子结合生成 ·O₂⁻ [式(4-5)]，发现磺胺甲噁唑降解速率也有所下降。在图 4-16 中还比较了磺胺甲噁唑在 UV/Fc 和 UV/Fc/N₂ 两个体系中的降解情况，发现在通入 N₂ 后，磺胺甲噁唑降解速率有所下降，这也说明去除体系中的 O₂ 后抑制了 ·O₂⁻ 生成。综上所述，在本书构建的以 Fc 为催化剂的光助 Fenton 体系中，二茂铁在光照条件下产生电子，体系中的 H₂O₂ 和 O₂ 与电子结合生成 ·OH 和 ·O₂⁻，从而促进了磺胺甲噁唑的降解。查阅相关文献可知，这是首次发现在 Fc 催化的光助 Fenton 体系中自由基的产生途径和作用机制，对以后的研究有重要意义。

4.3.2　磺胺甲噁唑与羟基自由基的反应位点

通过瞬态活性物种与抗生素小分子模型化合物(以磺胺甲噁唑为例，结构类似物为苯胺、对氨基苯磺酸、对氨基苯磺酰胺、3-氨基-5-甲基异噁唑)的反应速率常数，可判断出磺胺类抗生素的反应位点。确定反应位点能够更好地了解 ·OH 与磺胺类抗生素的反应机制。如图 4-19 所示，苯胺的 k 值明显高于母体化合物磺胺甲噁唑，这与苯胺的亲电子特性有关，其容易发生亲电加成反应(Canonica et al.，2005)。用磺酸取代对位上的苯胺后生成对氨基苯磺酸，从而导致了 k 值明显下降，表明磺胺甲噁唑上面的磺酸基团由于吸电子效应抑制了 ·OH 对苯胺的氧化。而磺酰胺基团取代苯胺生成的对氨基苯磺酰胺的 k 值相比对氨基苯磺酸来说有所提高，这是因为对氨基苯磺酰胺含有供电效应的基团 NH₂—SO₂，促进了对氨基苯磺酰胺的降解，但对氨基苯磺酰胺的反应速率仍比苯胺低。而小分子化合物 3-氨基-5-甲基异噁唑的 k 值高于其母体化合物磺胺甲噁唑，意味着磺胺

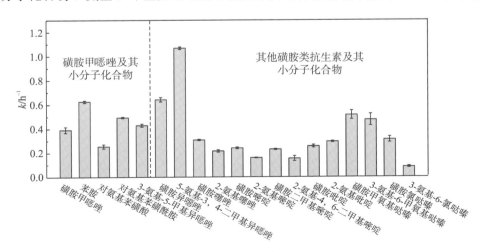

图 4-19　磺胺类抗生素及其小分子化合物的降解动力学

甲噁唑分子中的这一部分基团也与·OH 发生了反应。这与先前报道的亲电活性物种更易于诱导氧化磺胺甲噁唑中异噁唑基团的结果一致（Hu et al.，2007；Ji et al.，2015）。这些结果表明磺胺甲噁唑的苯胺部分是·OH 攻击的首选反应部位，且是发生亲电加成反应。

为了推断出其他磺胺类抗生素是否有与磺胺甲噁唑类似的反应位点，选取了磺胺异噁唑、磺胺噻唑、磺胺嘧啶、磺胺二甲基嘧啶、磺胺吡啶、磺胺甲氧基哒嗪、磺胺氯哒嗪 7 种常见的磺胺类抗生素及其小分子化合物与·OH 反应，比较它们的降解情况（图 4-19）。结果表明，对于含五元杂环的磺胺类抗生素，它们的 k 值存在显著差异，与磺胺甲噁唑和磺胺噻唑相比，磺胺异噁唑的降解速率更快，与·OH 的反应活性更高。从磺胺甲噁唑和磺胺异噁唑的分子结构可以看出（表 4-1），它们之间的唯一区别是，在异噁唑环上，磺胺异噁唑比磺胺甲噁唑额外多了一个甲基（—CH₃）。为了进一步证实异噁唑基团上的甲基对磺胺异噁唑降解速率的影响，比较了 3-氨基-5-甲基异噁唑和 5-氨基-3，4-二甲基异噁唑与·OH 的反应活性。研究发现 5-氨基-3，4-二甲基异噁唑的 k 值明显高于 3-氨基-5-甲基异噁唑（图 4-19），这与前人的研究结果一致，即异噁唑基团上的甲基化对亲电活性物种（例如·SO₄⁻、¹O₂）反应活性更高（Boreen et al.，2004；Ji et al.，2015）。而对于磺胺噻唑，五元杂环基团 2-氨基噻唑的 k 值明显低于 3-氨基-5-甲基异噁唑和 5-氨基-3，4-二甲基异噁唑，表明磺胺噻唑与·OH 的反应活性要低于磺胺甲噁唑和磺胺异噁唑。以上研究结果阐明了含五元杂环的磺胺类抗生素与·OH 反应活性存在显著差异的原因。

而含六元杂环的磺胺类抗生素却恰恰相反，从图 4-19 可以看出，磺胺嘧啶、磺胺二甲基嘧啶、磺胺吡啶、磺胺甲氧基哒嗪和磺胺氯哒嗪的 k 值明显低于苯胺，表明苯胺基团是·OH 降解磺胺类抗生素的主要反应位点，能够发生亲电反应，而且与含五元杂环的磺胺类抗生素相比，·OH 对含六元杂环磺胺类抗生素的反应活性更低。以上研究结果表明，在磺胺类抗生素中，所含杂环基团不同会导致抗生素的反应机制有所差异。根据相关报道，在光化学反应过程中，含有六元杂环的磺胺类抗生素在氧化降解时会发生 Smiles 式重排（Gao et al.，2012），然后脱去一个 SO₂，形成各种降解产物。

表 4-1　磺胺类抗生素及其小分子结构式

化合物	分子结构式	分子量	pK_a
磺胺甲噁唑		253.28	$pK_{a1}=1.83$ $pK_{a2}=5.57$
苯胺		93.13	—
对氨基苯磺酸		173.19	$pK_{a1}=0.58$ $pK_{a2}=3.23$
对氨基苯磺酰胺		172.20	—

续表

化合物	分子结构式	分子量	pK_a
3-氨基-5-甲基异噁唑		98.10	—
磺胺异噁唑		267.30	pK_{a1}＝1.66 pK_{a2}＝4.71
5-氨基-3，4-二甲基异噁唑		112.13	—
磺胺噻唑		255.32	pK_{a1}＝2.08 pK_{a2}＝7.07
2-氨基噻唑		100.14	—
磺胺嘧啶		250.28	pK_{a1}＝2.10 pK_{a2}＝6.28
2-氨基嘧啶		95.10	—
磺胺二甲基嘧啶		278.33	pK_{a1}＝2.28 pK_{a2}＝7.42
2-氨基-4，6-二甲基嘧啶		123.16	—
磺胺吡啶		249.29	pK_{a1}＝2.6 pK_{a2}＝8.4
2-氨基吡啶		94.11	—

化合物	分子结构式	分子量	pK_a
磺胺甲氧基哒嗪		280.30	pK_{a1}=2.09 pK_{a2}=6.95
3-氨基-6-甲氧基哒嗪		125.13	—
磺胺氯哒嗪		284.72	pK_{a1}=1.90 pK_{a2}=5.40
3-氨基-6-氯哒嗪		129.55	—

4.3.3　磺胺甲噁唑的降解产物及途径

采用 Orbit-trap 高分辨质谱鉴定了 UV/Fc/H_2O_2 体系中含五元杂环的磺胺甲噁唑的降解产物。通过高分辨质谱获得了 5 种产物的具体结构，分别为对氨基苯磺酸（P_{174}）、3-氨基-5-甲基异噁唑（P_{99}）、苯胺（P_{94}）、羟基化磺胺甲噁唑（P_{270}）、磺胺甲噁唑二聚物（P_{503}）。其中下标为相应产物的质荷比。

通过分析降解产物的分子结构和·OH 与磺胺甲噁唑在 Fc 催化的光助 Fenton 体系中的反应位点，推断出了磺胺甲噁唑具体的降解途径。磺胺甲噁唑的降解途径分为三种（图 4-20），途径 A 是·OH 直接与磺胺甲噁唑反应，导致 γ、δ 键断裂，从而产生苯胺、3-氨基-5-甲基异噁唑和对氨基苯磺酸，这是·OH 直接氧化磺胺甲噁唑后产生的相应的小分子化合物（Boreen et al.，2004；Du et al.，2017）。途径 B 则是·OH 和磺胺甲噁唑发生加成反应，生成羟基化磺胺甲噁唑（P_{270}），这是因为苯胺部分反应位点的活性最高，所以推断·OH 更易与苯胺部分发生亲电加成反应。已有相关研究证实了在臭氧氧化（Gómez-Ramos et al.，2011）、二氧化氯氧化（Ben et al.，2017）和光助 Fenton 体系中（Trovó et al.，2009）·OH 与磺胺甲噁唑能发生亲电加成反应生成羟基化磺胺甲噁唑。但还有一些研究表明，苯胺除了能发生亲电反应外，还能发生亲核反应。Yu 等（2016）构建了以高铁酸盐为催化剂的氧化体系，同样选取了磺胺甲噁唑为目标污染物，研究发现，当在有高铁酸盐存在的情况下，磺胺甲噁唑的苯胺部分发生的是亲核反应，这与·OH 更易与苯胺部分发生亲电加成反应有所不同。此外，其他氧化剂（Gao et al.，2012；Ji et al.，2015；Li et al.，2015b）如·SO_4^-、含锰氧化物和激发三重态 $^3DOM^*$ 也能氧化磺胺甲噁唑苯胺部分，使其失去一个 e^- 和 H^+，形成不稳定的磺胺甲噁唑活性中间体，再经过水解形成羟基化产物。因此，对于相同的污染物，不同的催化剂可能会产生不同的氧化机制；对于相同的催化剂，不同目标污染物产生的氧化机制主要取决于其分子结构上的亲核基团或者亲电基团。途径C 表明磺胺甲噁唑的苯胺基团失去两个 ·H 后，形成不稳定的磺胺甲噁唑活性中间体，一部分水解形成羟基化产物，另一部分则两两结合生成磺胺甲噁唑二聚物。尽管在其他氧化过程中也有观察到磺胺甲噁唑二聚物(Ji et al.，2015)，但其在 Fc 催化的光助 Fenton 体系中是首次被发现。

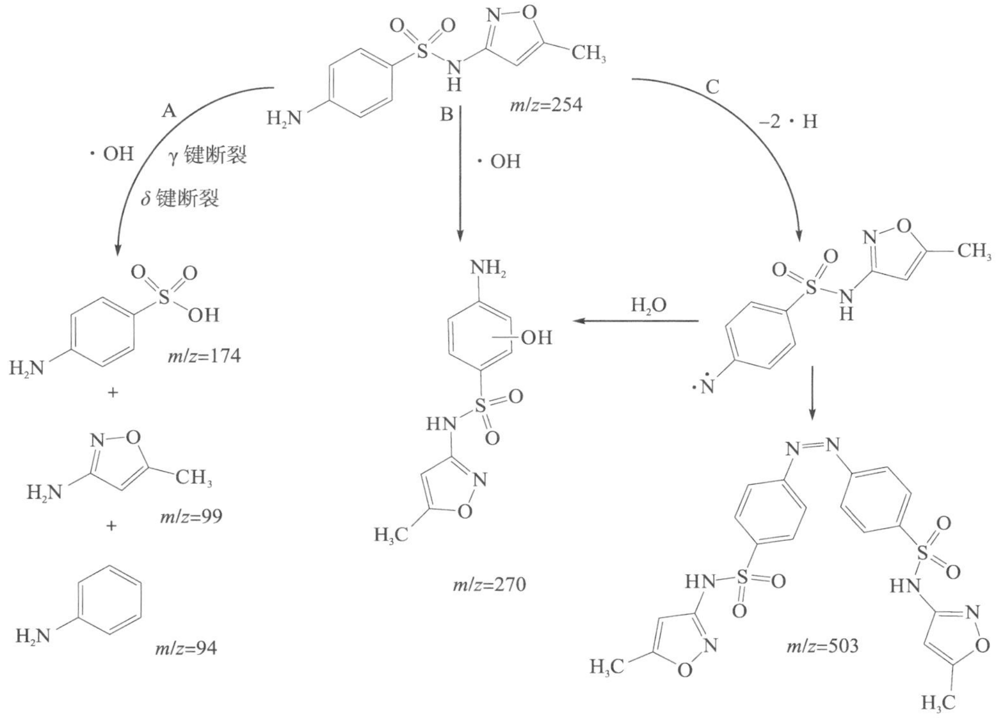

图 4-20 磺胺甲噁唑在 UV/Fc/H₂O₂ 体系中的降解途径

4.3.4 水环境因素对 UV/Fc/H₂O₂ 体系氧化降解磺胺类抗生素的影响

1. 溶解性有机物对磺胺类抗生素降解的影响

溶解性有机物(dissolved organic matter，DOM)一般是指自然水体或污染废水中的有机物。DOM 在水体环境中来源很广泛，主要包括水中生物排泄物、人类废弃物和生物残骸的分解产物，如溶解性有机物的主要成分腐殖质(腐殖酸、富里酸和非腐殖化有机物)。因此，DOM 含有丰富的官能团，是由许多不同分子结构的脂肪族化合物和芳香族化合物构成的混合有机物，包含 C、N、O、H、S 等元素，其中 C 和 N 所占比例最大(何伟等，2016)。McNeill 和 Canonica(2016)认为在实际水体中，经过太阳光照后，含发色基团溶解性有机物(colored dissolved organic matter，CDOM)容易跃迁至激发三重态 ³CDOM*，而³CDOM* 与水中的溶解氧通过能量或电子转移产生 ¹O₂ 和 ·O₂⁻ 等活性中间体，进而氧化降解污染物；Batchu 等(2014)研究了 7 种磺胺类抗生素在不同光源下的光化学行为。研究表明在自然水体中，天然有机物是促进这几种磺胺类抗生素间接光解最重要的因素，研究还发现无论是含五元杂环还是六元杂环的磺胺类抗生素，其在自然水中的去除率都较高。以往研究表明（Batchu et al.，2014；McNeill and Canonica，2016）溶解性有机物可显著影响有机污染物在 Fenton/光助 Fenton 体系中的降解，主要影响机制包括：①光致产生活性中间体，DOM 是天然水体中重要的光活性物质，含有多种发色基团，可以作为光敏剂，受光照后激发诱导产生活性物种（如 $^3HA^*$、$^1O_2$、·OH 等），随后氧化降解污染物；②捕获体系中的 ·OH，DOM 含有大量的羟基、羧基、羰基等基团，而且组成和结构也比较复杂，当体系中产生 ·OH 时，DOM 会消耗部分 ·OH，从而抑制目标污染物的降解；③光屏蔽效应，DOM 主要由 C 和 N 元素构成，其水溶液呈深色，会阻碍污染物的光吸收，阻碍 ·OH 等自由基的生成，从而抑制污染物降解。综上所述，DOM 对污染物的光化学作用光解表现为促进和抑制双重作用，且 DOM 光致产生活性中间体对水中有机污染物的氧化光解非常重要。

　　研究选用腐殖酸（humic acid，HA）为 DOM 类似物，考察了 DOM 对 UV/Fc/H₂O₂ 体系中磺胺类抗生素降解的影响。在室温下，实验的初始条件为：磺胺甲噁唑和磺胺二甲基嘧啶的浓度为 20μmol·L⁻¹、二茂铁浓度为 0.25g·L⁻¹、H₂O₂ 浓度为 25mmol·L⁻¹、pH＝3、HA 浓度为 0～20mg·L⁻¹。由图 4-21 可知，HA 对磺胺甲噁唑和磺胺二甲基嘧啶降解的影响基本一致，即 HA 在低浓度下促进磺胺甲噁唑和磺胺二甲基嘧啶降解，而在高浓度下则起到抑制作用。这是因为在低浓度下 HA 可光致产生一些活性物种（McNeill and Canonica，2016），如激发三重态 HA（$^3HA^*$）和 ·OH，从而促进了降解。另外，低浓度条件下 HA 的光屏蔽效应较弱，难以抵消 $^3HA^*$ 等自由基的促进效应，因而低 HA 浓度对磺胺甲噁唑和磺胺二甲基嘧啶的降解具有促进效应。而在高 HA 浓度条件下，虽然也可光致产生 $^3HA^*$ 和 ·OH，但 HA 的光屏蔽效应起主导作用，而且高浓度的 HA 还能消耗体系中的 ·OH，从而对磺胺甲噁唑和磺胺二甲基嘧啶降解起抑制作用，这与前人研究报道的高浓度 DOM 主要通过光屏蔽效应影响污染物光解是一致的（McNeill and Canonica，2016）。

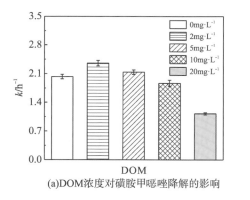 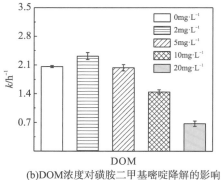

(a)DOM浓度对磺胺甲噁唑降解的影响　　(b)DOM浓度对磺胺二甲基嘧啶降解的影响

图 4-21　溶解性有机物（DOM）浓度对磺胺甲噁唑和磺胺二甲基嘧啶降解的影响

2. HCO₃⁻ 对磺胺类抗生素降解的影响

污染废水和天然水体中均含有较高浓度的 HCO₃⁻，而 HCO₃⁻ 是水体中 ·OH 重要的捕获剂，反应生成 $\cdot CO_3^-$，由于 $\cdot CO_3^-$ 的氧化活性低于 $\cdot OH$、氧化选择性高于 $\cdot OH$，从而能影响高级氧化体系中有机污染物的降解。因此，本节研究了水中常见离子 HCO_3^- 对磺胺甲噁唑和磺胺二甲基嘧啶的降解影响。保持其他试剂浓度及反应条件不变，考察了不同 HCO_3^- 浓度对磺胺甲噁唑和磺胺二甲基嘧啶的降解效果，选取的 HCO_3^- 浓度范围为 0～10mmol·L⁻¹，结果如图 4-22 所示。结果表明，HCO_3^- 会抑制 UV/Fc/H₂O₂ 体系中磺胺甲噁唑和磺胺二甲基嘧啶的降解，且对这两种抗生素的抑制趋势基本一致，即随着 HCO_3^- 浓度增加，其对磺胺甲噁唑和磺胺二甲基嘧啶的抑制效应增强。前人研究表明 HCO_3^- 可与 $\cdot OH$ 反应，而导致体系中的 $\cdot OH$ 被捕获，从而使体系中的 $\cdot OH$ 稳态浓度降低（Grebel et al.，2010），这也解释了 HCO_3^- 在 Fc 催化的光助 Fenton 体系中对磺胺甲噁唑和磺胺二甲基嘧啶的降解起抑制作用的原因。HCO_3^- 捕获 $\cdot OH$ 的同时，也产生易与含有苯胺基团的化合物反应的 $\cdot CO_3^-$，磺胺甲噁唑和磺胺二甲基嘧啶中都含有苯胺基团，因而 $\cdot CO_3^-$ 可与磺胺甲噁唑和磺胺二甲基嘧啶反应，补偿一部分因 HCO_3^- 对 $\cdot OH$ 的捕获而引起的对磺胺甲噁唑和磺胺二甲基嘧啶降解的抑制效应。当 HCO_3^- 浓度达到 10mmol·L⁻¹ 时，在 UV/Fc/H₂O₂ 体系中磺胺甲噁唑的降解效率仍为原体系的 57%，磺胺二甲基嘧啶的降解效率为原体系的 46%。这说明即使 HCO_3^- 浓度较高时，本书所构建的 Fc 催化的光助 Fenton 体系对磺胺类抗生素仍具有较好的去除效果。

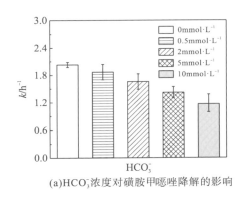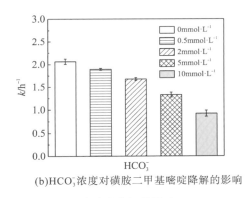

(a)HCO₃⁻浓度对磺胺甲噁唑降解的影响　　(b)HCO₃⁻浓度对磺胺二甲基嘧啶降解的影响

图 4-22　HCO₃⁻ 浓度对磺胺甲噁唑和磺胺二甲基嘧啶降解的影响

3. 卤素离子对磺胺类抗生素降解的影响

卤素离子(例如 Cl^-、Br^-)广泛地存在于自然环境中，特别是在海水中，Cl^- 和 Br^- 浓度较高，对环境化学和水处理工艺运行均有一定的影响。在自然水体中，海水含卤素离子较高，其中 Cl^- 浓度为 540mmol·L⁻¹、Br^- 浓度为 0.8mmol·L⁻¹，而在淡水中 Cl^- 浓度为 0.23mmol·L⁻¹、Br^- 浓度为 1.3×10⁻⁴mmol·L⁻¹。为了考察自然水体中 Cl^-、Br^- 对光助-Fc/H₂O₂ 非均相体系降解磺胺甲噁唑和磺胺二甲基嘧啶的影响，本节研究了不同浓度的 Cl^-、Br^- 对磺胺类抗生素降解的影响，并且加入了离子强度效应作为对照实验。初始实验条件为：磺胺甲噁唑和磺胺二甲基嘧啶的浓度为 20μmol·L⁻¹、二茂铁浓度为 0.25g·L⁻¹、H₂O₂ 浓度为 25mmol·L⁻¹、pH＝3、Cl^- 浓度为 0～0.6mol·L⁻¹、Br^- 浓度为 0～2mmol·L⁻¹。

如图 4-23(a)所示，当有 Cl⁻存在时，磺胺甲噁唑的降解速率略有降低，当体系中 Cl⁻的浓度为 0.6mol·L⁻¹ 时，磺胺甲噁唑的降解效率仍为原来的 88%，说明 Cl⁻的加入对磺胺甲噁唑降解效率的影响较小。另外，以往研究表明 Cl⁻对污染物光解的影响机制包括离子强度效应和具体 Cl⁻效应(Li et al., 2016a)，因此本节采用 Na₂SO₄ 作为惰性盐探查了 UV/Fc/H₂O₂ 体系离子强度效应对磺胺甲噁唑降解的影响。结果发现，离子强度效应对磺胺甲噁唑降解无显著影响，表明 Cl⁻对磺胺甲噁唑降解的影响主要与具体 Cl⁻效应有关。这是因为 Cl⁻能与体系中的·OH 反应，消耗了部分·OH，从而抑制了磺胺甲噁唑的降解。相对于 Cl⁻，Br⁻对磺胺甲噁唑的抑制作用较明显，如图 4-23(b)所示，随着 Br⁻浓度不断增加，磺胺甲噁唑的降解速率不断下降，这是因为 Br⁻和·OH 的反应活性更高(二级反应速率常数为 1.1×10^{10} mol·L⁻¹·s⁻¹)，能更快地消耗体系中的·OH。

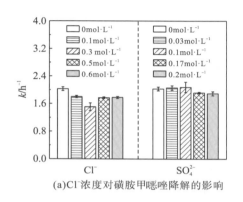
(a)Cl⁻浓度对磺胺甲噁唑降解的影响

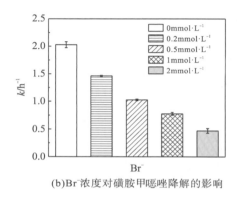
(b)Br⁻浓度对磺胺甲噁唑降解的影响

图 4-23 Cl⁻、Br⁻浓度对磺胺甲噁唑降解的影响

同理，在相同条件下，还研究了 Cl⁻和 Br⁻浓度对磺胺二甲基嘧啶降解的影响，结果如图 4-24 所示。结果表明，随着 Cl⁻浓度增加，磺胺二甲基嘧啶降解的抑制效应显著增强，与其对磺胺甲噁唑降解的抑制效果存在差异。同样采用 Na₂SO₄ 作为惰性盐探查了 UV/Fc/H₂O₂ 体系离子强度效应对磺胺二甲基嘧啶降解的影响，图 4-24(a)表明了离子强度效应对磺胺二甲基嘧啶降解也无显著影响，表明 Cl⁻对磺胺甲噁唑和磺胺二甲基嘧啶降解

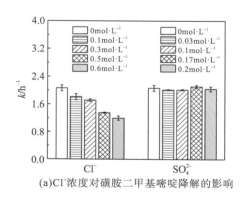
(a)Cl⁻浓度对磺胺二甲基嘧啶降解的影响

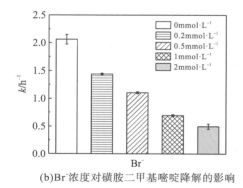
(b)Br⁻浓度对磺胺二甲基嘧啶降解的影响

图 4-24 Cl⁻、Br⁻浓度对磺胺二甲基嘧啶降解的影响

的影响都主要与具体 Cl⁻ 效应有关。图 4-24(b) 说明了 Br⁻ 对磺胺二甲基嘧啶降解的抑制效应也具有类似的机制。综上研究表明，UV/Fc/H₂O₂ 体系在高浓度的盐体系中仍然对磺胺甲噁唑和磺胺二甲基嘧啶具有良好的降解效果，说明该体系具有一定的环境适应性，即能适应于处理含有多种无机离子的磺胺类抗生素污染废水。

4.4　本　章　小　结

(1)本章考察了磺胺甲噁唑和磺胺二甲基嘧啶在 Fc、UV/Fc、H₂O₂、UV/H₂O₂、H₂O₂/Fc、UV/Fc/H₂O₂ 6 种体系中的降解动力学。发现磺胺甲噁唑和磺胺二甲基嘧啶在光助非均相类 Fenton 体系中的降解遵循准一级反应动力学($R>0.98$, $P<0.05$)。在黑暗对照组中，当体系中仅存在 Fc 或 H₂O₂ 时，磺胺甲噁唑和磺胺二甲基嘧啶基本不降解。而在光照条件下(UV/Fc、UV/H₂O₂ 和 UV/Fc/H₂O₂ 体系)，磺胺甲噁唑和磺胺二甲基嘧啶的降解速率明显升高，说明二茂铁具有很好的光敏特性，且在 UV/Fc/H₂O₂ 体系中，磺胺甲噁唑和磺胺二甲基嘧啶的降解相对其他体系急剧加快。说明本书所构建的基于 Fc 的光助非均相 Fenton 体系用于磺胺甲噁唑和磺胺二甲基嘧啶的降解是切实可行的。

(2)为比较 UV/Fc/H₂O₂ 体系在不同反应条件下对磺胺甲噁唑和磺胺二甲基嘧啶的降解情况，研究了 pH(3~9)、Fc 浓度和 H₂O₂ 浓度对这两种抗生素降解的影响。结果表明，随着 pH 不断增加，磺胺甲噁唑和磺胺二甲基嘧啶的 k 值不断减小后趋于不变，说明酸性条件有利于污染物降解；随着 Fc 浓度从 $0.1g·L^{-1}$ 增加到 $1.0g·L^{-1}$，磺胺甲噁唑和磺胺二甲基嘧啶的 k 值不断增加，且逐渐趋于平衡，这是因为二茂铁不断增加导致 H₂O₂ 相对不足，使得 ·OH 产生的速率趋于稳定；当 H₂O₂ 浓度从 $5mmol·L^{-1}$ 升至 $50mmol·L^{-1}$ 时，磺胺甲噁唑和磺胺二甲基嘧啶的 k 值先增大后减小，这是因为 H₂O₂ 会消耗一部分的 ·OH，导致其在高浓度下抑制磺胺甲噁唑和磺胺二甲基嘧啶的降解。故最佳实验条件为：pH＝3、Fc 浓度为 $0.25g·L^{-1}$、H₂O₂ 浓度为 $25mmol·L^{-1}$。

(3)通过自由基捕获实验证明了 ·OH 是磺胺甲噁唑和磺胺二甲基嘧啶降解的主要活性物质。电子自旋共振技术检测到 UV/Fc/H₂O₂ 体系中产生了 ·OH 和 ·O₂⁻，证实了 Fc 在光照下可以辐射电子，被 H₂O₂ 和溶解氧捕获产生 ·OH 和 ·O₂⁻。通过瞬态活性物种与抗生素小分子模型化合物的反应速率常数，判断出磺胺类抗生素主要的反应位点是苯胺基团；含五元杂环的磺胺类抗生素之间对 ·OH 的反应性有显著差异，而含六元杂环的磺胺类抗生素之间则具有相似的降解行为；通过分析降解产物的分子结构和 ·OH 与磺胺甲噁唑和磺胺二甲基嘧啶的反应位点，推断出了磺胺甲噁唑和磺胺二甲基嘧啶具体的降解途径。

(4)考察了 DOM、HCO₃⁻、Cl⁻ 和 Br⁻ 在实际环境浓度下，对磺胺甲噁唑和磺胺二甲基嘧啶降解的影响。结果表明，DOM 在低浓度下促进磺胺甲噁唑和磺胺二甲基嘧啶降解，而在高浓度下则起抑制作用；HCO₃⁻ 会抑制 UV/Fc/H₂O₂ 体系中磺胺甲噁唑和磺胺二甲基嘧啶的降解，且随着 HCO₃⁻ 浓度增加，其对磺胺甲噁唑和磺胺二甲基嘧啶的抑制效应增强；当体系中 Cl⁻ 的浓度为 $0.6mol·L^{-1}$ 时，磺胺甲噁唑的降解速率变化不大，说明了 Cl⁻ 的加入对磺胺甲噁唑降解的影响较小。采用惰性盐探查出 UV/Fc/H₂O₂ 体系中离子强度效应对磺胺甲噁唑和磺胺二甲基嘧啶降解无显著影响；而 Br⁻对磺胺甲噁唑和磺胺二甲基嘧啶的抑制效果较明显，Br⁻浓度为 $0.5mmol·L^{-1}$ 时，其降解效率仍有原来的 50%以上。综上研究表明，$UV/Fc/H_2O_2$ 体系在高浓度的盐体系中仍然对磺胺甲噁唑和磺胺二甲基嘧啶具有良好的降解效果，说明该体系具有一定的环境适应性，即能适应于处理含有多种无机离子的磺胺类抗生素污染废水。

(5)二茂铁经过多次循环使用后，磺胺甲噁唑的降解效率仍基本保持不变，表明二茂铁具有良好的催化性能和稳定性。

参 考 文 献

何伟, 白泽琳, 李一龙, 等, 2016. 水生生态系统中溶解性有机质衍生行为与环境效应研究[J]. 中国科学: 地球科学, 46(3): 341-355.

魏红, 孙博成, 杨小雨, 等, 2017. 超声、紫外增强 H_2O_2/KI 降解磺胺甲基嘧啶[J]. 环境科学, 38(6): 2393-2399.

Ai Z H, Lu L R, Li J P, et al., 2007. Fe@Fe₂O₃ core-shell nanowires as iron reagent. 1. efficient degradation of rhodamine B by a novel sono-Fenton process[J]. The Journal of Physical Chemistry C, 111(11): 4087-4093.

Batchu S R, Panditi V R, Gardinali P R, 2014. Photodegradation of sulfonamide antibiotics in simulated and natural sunlight: implications for their environmental fate[J]. Journal of Environmental Science and Health, Part B: Pesticides, Food Contaminants, and Agricultural Wastes, 49(3): 200-211.

Ben W W, Shi Y W, Li W W, et al., 2017. Oxidation of sulfonamide antibiotics by chlorine dioxide in water: kinetics and reaction pathways[J]. Chemical Engineering Journal, 327: 743-750.

Boreen A L, Arnold W A, McNeill K, 2004. Photochemical fate of sulfa drugs in the aquatic environment: sulfa drugs containing five-membered heterocyclic groups[J]. Environmental Science & Technology, 38(14): 3933-3940.

Canonica S, Kohn T, Mac M, et al., 2005. Photosensitizer method to determine rate constants for the reaction of carbonate radical with organic compounds[J]. Environmental Science & Technology, 39(23): 9182-9188.

Clarizia L, Russo D, Somma I D, et al., 2017. Homogeneous photo-Fenton processes at near neutral pH: a review[J]. Applied Catalysis B: Environmental, 209: 358-371.

Curz A, Couto L, Esplugas S, et al., 2017. Study of the contribution of homogeneous catalysis on heterogeneous Fe(III)/alginate mediated photo-Fenton process[J]. Chemical Engineering Journal, 318: 272-280.

Du J S, Guo W Q, Li X F, et al., 2017. Degradation of sulfamethoxazole by a heterogeneous Fenton-like system with microscale zero-valent iron: kinetics, effect factors, and pathways[J]. Journal of the Taiwan Institute of Chemical Engineers, 81: 232-238.

Ferro G, Guarino F, Cicatelli A, et al., 2017. β-lactams resistance gene quantification in an antibiotic resistant *Escherichia coli* water suspension treated by advanced oxidation with UV/H₂O₂[J]. Journal of Hazardous Materials, 323(PtA): 426-433.

Gao J, Hedman C, Liu C, et al., 2012. Transformation of sulfamethazine by manganese oxide in aqueous solution[J]. Environmental Science & Technology, 46(5): 2642-2651.

Gómez-Ramos M D M, Mezcua M, Agüera A, et al., 2011. Chemical and toxicological evolution of the antibiotic sulfamethoxazole under ozone treatment in water solution[J]. Journal of Hazardous Materials, 192(1): 18-25.

Grebel J E, Pignatello J J, Mitch W A, 2010. Effect of halide ions and carbonates on organic contaminant degradation by hydroxyl radical-based advanced oxidation processes in saline waters[J]. Environmental Science & Technology, 44(17): 6822-6828.

Hofman-Caris R C H M, Harmsen D J H, Puijker L, et al., 2015. Influence of process conditions and water quality on the formation of mutagenic byproducts in UV/H₂O₂ processes[J]. Water Research, 74: 191-202.

Hou X J, Huang X P, Jia F L, et al., 2017. Hydroxylamine promoted goethite surface Fenton degradation of organic pollutants[J]. Environmental Science & Technology, 51(9): 5118-5126.

Hu L H, Flanders P M, Miller P L, et al., 2007. Oxidation of sulfamethoxazole and related antimicrobial agents by TiO₂ photocatalysis[J]. Water Research, 41(12): 2612-2626.

Hwang S, Huling S G, Ko S, 2010. Fenton-like degradation of MTBE: effects of iron counter anion and radical scavengers[J]. Chemosphere, 78(5): 563-568.

Ji Y F, Fan Y, Liu K, et al., 2015. Thermo activated persulfate oxidation of antibiotic sulfamethoxazole and structurally related compounds[J]. Water Research, 87(15): 1-9.

Lee Y, Gerrity D, Lee M, et al., 2016. Organic contaminant abatement in reclaimed water by UV/H₂O₂ and a combined process consisting of O₃/H₂O₂ followed by UV/H₂O₂: prediction of abatement efficiency, energy consumption, and byproduct formation[J]. Environmental Science & Technology, 50(7): 3809-3819.

Li L, Sun J L, Fang J Y, et al., 2016b. Kinetics and mechanisms of degradation of chloroacetonitriles by the UV/H₂O₂ process[J]. Water Research, 99: 209-215.

Li Y, Niu J F, Shang E X, et al., 2015a. Synergistic photogeneration of reactive oxygen species by dissolved organic matter and C₆₀ in aqueous phase[J]. Environmental Science & Technology, 49(2): 965-973.

Li Y J, Wei X X, Chen J W, et al., 2015b. Photodegradation mechanism of sulfonamides with excited triplet state dissolved organic matter: a case of sulfadiazine with 4-carboxybenzophenone as a proxy[J]. Journal of Hazardous Materials, 290(15): 9-15.

Li Y J, Qiao X L, Zhang Y N, et al., 2016a. Effects of halide ions on photodegradation of sulfonamide antibiotics: formation of halogenated intermediates[J]. Water Research, 102: 405-412.

Monteagudo J M, Durán A, San Martin I, et al., 2011. Roles of different intermediate active species in the mineralization reactions of phenolic pollutants under a UV-A/C photo-Fenton process[J]. Applied Catalysis B: Environmental, 106(1-2): 242-249.

McNeill K, Canonica S, 2016. Triplet state dissolved organic matter in aquatic photochemistry: reaction mechanisms, substrate scope, and photophysical properties[J]. Environmental Science: Processes & Impacts, 18(11): 1381-1399.

Nie Y L, Hu C, Qu J H, et al., 2008. Efficient photodegradation of Acid Red B by immobilized ferrocene in the presence of UVA and H₂O₂ [J]. Journal of Hazardous Materials, 154(1-3): 146-152.

Qin Y X, Song F H, Ai Z H, et al., 2015. Protocatechuic acid promoted alachlor degradation in Fe(III)/H₂O₂ Fenton system[J]. Environmental Science & Technology, 49(13): 7948-7956.

Trovó A G, Nogueira R F P, Agüera A, et al., 2009. Degradation of sulfamethoxazole in water by solar photo-Fenton. chemical and toxicological evaluation[J]. Water Research, 43(16): 3922-3931.

Wang Q, Tian S L, Ning P, 2014. Degradation mechanism of Methylene Blue in a heterogeneous Fenton-like reaction catalyzed by ferrocene[J]. Industrial & Engineering Chemistry Research, 53(2): 643-649.

Wilkinson G, Rosenblum M, Whiting M C, et al., 1952. The structure of iron bis-cyclopentadienyl[J]. Journal of the American Chemical Society, 74(8): 2125-2126.

Xia M, Long M C, Yang Y D, et al., 2011. A highly active bimetallic oxides catalyst supported on Al-containing MCM-41 for Fenton oxidation of phenol solution[J]. Applied Catalysis B: Environmental, 110: 118-125.

Xiao Y J, Zhang L F, Zhang W, et al., 2016. Comparative evaluation of iodoacids removal by UV/persulfate and UV/H₂O₂ processes[J]. Water Research, 102(1): 629-639.

Yu H, Chen J W, Xie H B, et al., 2016. Ferrate(VI) initiated oxidative degradation mechanisms clarified by DFT calculations: a case for sulfamethoxazole[J]. Environmental Science: Processes & Impacts, 19(3): 370-378.

Zhang R C, Yang Y K, Huang C H, et al., 2016. Kinetics and modeling of sulfonamide antibiotics degradation in wastewater and human urine by UV/H_2O_2 and UV/PDS[J]. Water Research, 103(15): 283-292.

第5章　二茂铁改性树脂对亚甲基蓝和 Cu²⁺的吸附

为简化非均相类 Fenton 体系中二茂铁的回收，提高利用率，采用苯乙烯系阳离子交换树脂(001×7)作为载体对二茂铁进行负载，所得二茂铁改性阳离子交换树脂(ferrocene modified cation exchange resin，FMCER)催化效果较差，原因是二茂铁在树脂上的负载率较低；部分树脂在 Fenton 体系中被氧化，发生分解，与亚甲基蓝争夺·OH。但是二茂铁改性树脂对亚甲基蓝有较好的吸附效果。本章对二茂铁改性树脂吸附亚甲基蓝进行了系统研究。考虑到工厂实际排放的废水中会有 Cu²⁺等重金属离子，本章还研究了 Cu²⁺与亚甲基蓝共存的情况下，二茂铁改性树脂同时吸附亚甲基蓝和 Cu²⁺的情况。

5.1　二茂铁改性树脂的结构、性质及其对亚甲基蓝的吸附性能

5.1.1　二茂铁改性树脂的结构及性质

为明确所制备的二茂铁改性树脂的结构和性质，实验通过比表面积检测法(BET)、傅里叶红外光谱仪(FT-IR)和 X 射线荧光法(XRF)对改性前后的树脂进行对比分析。图 5-1 为二茂铁、原树脂和二茂铁改性树脂的傅里叶红外谱图，用以比较改性处理前后，树脂表面基团的变化，判定二茂铁的改性情况。

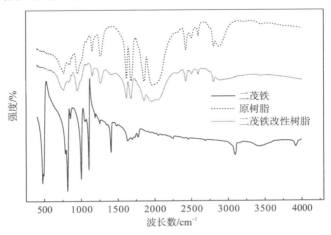

图 5-1　二茂铁、原树脂和二茂铁改性树脂的傅里叶红外谱图

二茂铁谱图中的 485.98cm⁻¹、1407.83cm⁻¹ 和 1105.33cm⁻¹、998.96cm⁻¹、3091.38cm⁻¹ 分别对应的是 C—Fe，戊环中的 C—C、DC—H 和 C—H。将二茂铁改性树脂的谱图与

原树脂对比发现，485.98cm^{-1} 和 3091.38cm^{-1} 的吸收峰消失，与此同时，在 1407.83cm^{-1} 出现了吸收峰。表明二茂铁分子结构中的 C—Fe 和 C—H 打开并连接到树脂上。这说明二茂铁以化学键合的形式成功地负载到了树脂上。

为明确二茂铁在树脂上的负载量，将原树脂与二茂铁改性树脂进行 XRF 分析，比较 Fe 元素在原树脂和二茂铁改性树脂上的含量，结果如表 5-1 所示。原树脂中 Fe 的含量为 0.0037%，改性后，树脂上 Fe 的百分含量增加到 0.0580%。这进一步表明了二茂铁被成功地负载到了树脂上，且二茂铁在改性树脂上的质量分数为 0.19%，二茂铁负载量较低，这也是二茂铁改性树脂催化效率低的原因。

表 5-1　原树脂和二茂铁改性树脂上元素含量的百分比　　　　　（单位：%）

元素	原树脂	二茂铁改性树脂
C	97.5416	96.0021
S	1.2748	2.7353
O	0.6385	0.6457
Na	0.3668	0.4862
Fe	0.0037	0.0580
Zn	0.0081	0.0268
Si	0.0111	0.0246
Mg	0.0117	—
K	0.0022	0.0070
Al	0.0048	0.0041
P	0.0028	0.0037
Ca	0.1312	0.0031
Cl	0.0027	0.0020
Zr	—	0.0014

吸附材料的孔结构和有效比表面积对其吸附性能有重要影响。本节考察了二茂铁改性前后树脂孔结构的变化，结果如图 5-2 和表 5-2 所示。所使用的原树脂孔径集中分布在 2.08nm、2.76nm 和 4.82nm 处，孔内比表面积（S_{MP}）为 2.17m^2·g^{-1}。经二茂铁改性后，树脂孔径主要分布在 1.89nm、2.39nm 和 3.69nm 处，孔内比表面积为 1.69m^2·g^{-1}，其原因是树脂的孔内表面负载了二茂铁，孔径变小，孔内比表面积缩小。

表 5-2　原树脂和二茂铁改性树脂的孔结构

	原树脂	改性树脂
S_{MP}/(m^2·g^{-1})	2.17	1.69
孔径/nm	2.08	1.89
	2.76	2.39
	4.82	3.69

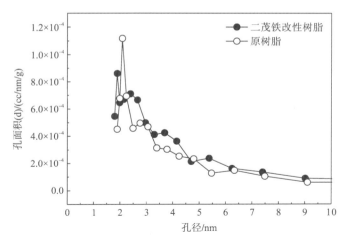

图 5-2　原树脂和二茂铁改性树脂的孔径分布

5.1.2　亚甲基蓝的吸附等温线

在 pH＝4、吸附剂浓度为 $1g \cdot L^{-1}$、振荡速率为 $150r \cdot min^{-1}$、亚甲基蓝浓度为 $0 \sim 10mg \cdot L^{-1}$ 的条件下，研究了反应温度为 20℃、30℃和 40℃时二茂铁改性树脂对亚甲基蓝的吸附，并绘制了吸附等温线，结果如图 5-3 所示。由图可见，反应平衡时刻，随着反应温度的升高，二茂铁改性树脂对亚甲基蓝的饱和吸附量逐渐降低，而原树脂对亚甲基蓝的饱和吸附量逐渐升高。由此可见，二茂铁改性树脂吸附亚甲基蓝是一个放热过程，而原树脂对亚甲基蓝的吸附是一个吸热过程。二茂铁改性极大地提高了树脂对亚甲基蓝的饱和吸附量。20℃时，向 100mL $10mg \cdot L^{-1}$ 的亚甲基蓝溶液中分别投加 0.1g 的原树脂和二茂铁改性树脂，吸附平衡时，溶液中亚甲基蓝的平衡浓度分别为 $5.28mg \cdot L^{-1}$ 和 $1.44mg \cdot L^{-1}$。分析其原因是树脂的性能在一定程度上受到其表面 Na 和—HSO_3 的量的影响。—HSO_3 的增多有助于树脂的离子交换作用。由表 5-1 可知，树脂改性后，S 和 Na 元素的含量分别从 1.2748% 和 0.3668% 增加到了 2.7353% 和 0.4862%。二茂铁的成分中并不含有 S 和 Na 元素，这也进一步证实了在混酸浸泡与处理的过程中，树脂表面的杂质被洗去，

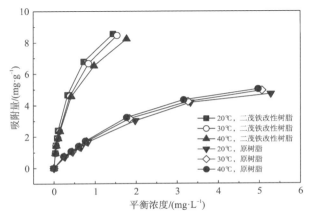

图 5-3　原树脂和二茂铁改性树脂吸附亚甲基蓝的吸附等温线

使得 S 和 Na 元素在树脂中的含量提高；同时，树脂改性后，孔径变小，但主要可以理解为树脂上对亚甲基蓝吸附的无效孔的堵塞；另外，负载到树脂上的二茂铁可以轻易得失一个电子，这对减少双电层斥力有一定的作用。

选取 Herry、Langmuir、Freundlich、Dubinin-Radushkevich 和 Temkin 5 种不同的吸附模型对原树脂和二茂铁改性树脂吸附亚甲基蓝进行研究，这 5 种吸附模型的表达式为

$$q_e = kC_e \tag{5-1}$$

$$q_e = \frac{bq_mC_e}{1+bC_e}$$

其线性表达式为

$$\frac{1}{q_e} = \frac{1}{bq_m}\frac{1}{c} + \frac{1}{q_m} \tag{5-2}$$

$$q_e = K_F C_e^{\frac{1}{n}}$$

其线性表达式为

$$\ln q_e = \ln K_F + \frac{1}{n}\ln C_e \tag{5-3}$$

$$\ln q_e = \ln q_m - \beta\xi^2 \tag{5-4}$$

$$q_e = \frac{RT}{b_T}\ln C_e + \frac{RT}{b_T}\ln A_T \tag{5-5}$$

式中，q_e 是饱和吸附量，$mg\cdot g^{-1}$；C_e 是平衡吸附浓度，$mg\cdot L^{-1}$；q_m 是最大吸附量，$mg\cdot g^{-1}$；b 是吸附能常数，L/mg；k 是 Herry 常数；k_F 是饱和吸附量常数；n 是吸附强度常数；β 是吸附能常数，$mol^2\cdot kJ^{-2}$；ξ 是 Polanyi 吸附势；b_T 是 Temkin 常数，$J\cdot mol^{-1}$；R 是理想气体常数，通常取 $8.314J\cdot mol^{-1}\cdot K^{-1}$；$T$ 是反应温度，K；A_T 是和吸附能有关的 Temkin 常数，$L\cdot mg^{-1}$。

使用原树脂和二茂铁改性树脂吸附亚甲基蓝所得的数值分别对 5 种吸附模型进行拟合，结果如图 5-4 所示，拟合参数见表 5-3。

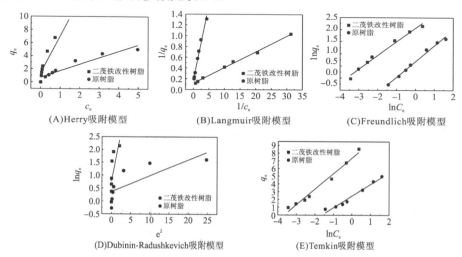

图 5-4　原树脂和二茂铁改性树脂吸附亚甲基蓝的 Herry(A)，Langmuir(B)，Freundlich(C)，
Dubinin-Radushkevich(D) 和 Temkin(E) 吸附模型拟合

可见，亚甲基蓝吸附到原树脂和二茂铁改性树脂的 Langmuir 吸附模型拟合相关系数分别为 0.9958 和 0.9809，Freundlich 吸附模型拟合相关系数分别为 0.9883 和 0.9809，Temkin 吸附模型拟合相关系数分别为 0.9779 和 0.9677。这表明原树脂和二茂铁改性树脂对亚甲基蓝的吸附均符合 Langmuir、Freundlich 和 Temkin 吸附模型，其中最符合 Langmuir 吸附模型，Langmuir 吸附模型是建立在单分子层吸附假设的基础上的，并且这些吸附的分子之间没有作用。原树脂和二茂铁改性树脂对亚甲基蓝的饱和吸附量分别为 5.7143mg·g⁻¹ 和 8.7719mg·g⁻¹。

表 5-3　原树脂及二茂铁改性树脂吸附亚甲基蓝的吸附等温线拟合参数

吸附模型	参数	二茂铁改性树脂	原树脂
Herry	K_H	5.654	0.990
	R^2	0.9062	0.8702
Langmuir	q_m	8.7719	5.7143
	B	0.9310	0.6162
	R^2	0.9958	0.9809
Freundlich	K_F	1.7699	1.5456
	n	7.8932	1.9877
	R^2	0.9883	0.9809
Temkin	b_T	82.3588	110.7260
	A_T	38.9601	82.3588
	R^2	0.9779	0.9677
Dubinin-Radushkevich	β	−0.774	−0.061
	q_m	1.4376	2.1489
	R^2	0.4330	0.5362

5.1.3　吸附热力学和动力学

为判断吸附反应的热力学性质，对二茂铁改性树脂吸附亚甲基蓝进行了热力学研究。吸附的热力学数据可以从 Langmuir 公式计算得出，Langmuir 吸附参数 K_L 与吸附的焓相关。热力学参数标准吉布斯自由能变($\Delta G^\ominus$)、焓变($\Delta H^\ominus$)和熵变($\Delta S^\ominus$)等可由式(5-6)、式(5-7)计算出来。

$$-\Delta G^\ominus_{ads}=RT\ln(K_L) \tag{5-6}$$
$$\Delta G^\ominus=\Delta H^\ominus-T\Delta S^\ominus \tag{5-7}$$

式中，R 为气体常数，8.314J·mol⁻¹·K⁻¹；T 为溶液的温度，K；K_L 是由 q_e/C_e 决定的标准热力学常数，L·g⁻¹。$\Delta H^\ominus$ 和 $\Delta S^\ominus$ 可以从图 5-5 中计算得出。计算所得的 $\Delta G^\ominus$、$\Delta H^\ominus$ 和 $\Delta S^\ominus$ 见表 5-4。

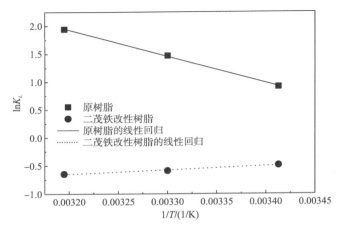

图 5-5　对 $\ln K_L \sim 1/T$ 作图

表 5-4　原树脂和二茂铁改性树脂吸附亚甲基蓝的热力学参数

吸附剂	$\Delta G^{\ominus}/(\text{kJ·mol}^{-1})$			$\Delta H^{\ominus}/(\text{kJ·mol}^{-1}\text{·K}^{-1})$	$\Delta S^{\ominus}/(\text{kJ·mol}^{-1})$
	293K	303K	313K		
二茂铁改性树脂	−176.44	−180.02	−185.96	−4713.00	17.000
原树脂	−1101.13	−1219.14	−1259.38	743.30	−3.027

由表 5-4 可见，亚甲基蓝吸附到原树脂和二茂铁改性树脂的过程中，$\Delta G^{\ominus}$ 均为负数，这说明亚甲基蓝吸附到原树脂和二茂铁改性树脂的过程可自发进行，$\Delta H^{\ominus}$ 说明原树脂吸附亚甲基蓝的过程是吸热过程，而二茂铁改性树脂吸附亚甲基蓝的过程是放热过程，这与图 5-3 中所得的结果一致。原树脂吸附亚甲基蓝的 $\Delta S^{\ominus}$ 为正值，表明原树脂吸附亚甲基蓝的过程中，亚甲基蓝分子的无序性降低，反之，在二茂铁改性树脂吸附亚甲基蓝的过程中，亚甲基蓝分子的无序性增加。

然后我们研究了反应时间对原树脂和二茂铁改性树脂吸附亚甲基蓝的影响，结果如图 5-6 所示。

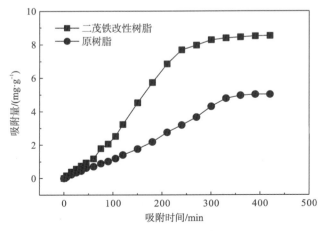

图 5-6　反应时间对原树脂和二茂铁改性树脂吸附亚甲基蓝的影响

由图 5-6 可见，亚甲基蓝的吸附量均随着反应的进行逐渐增多，但二茂铁改性树脂对亚甲基蓝的饱和吸附量远高于原树脂。在反应的前 60min，亚甲基蓝的吸附去除率均较慢，这是由于亚甲基蓝分子向吸附剂靠近的过程中，有较大的传质阻力，阻碍了吸附作用的进行。原树脂和二茂铁改性树脂对亚甲基蓝饱和吸附量的差异是由这两种吸附剂的结构特性决定的。原树脂的孔径大小在微孔和中孔范围内均有分布，孔径越小，孔中的传质阻力越大，这就影响了孔结构中吸附位点对亚甲基蓝的吸附速率。材料中甚至可能还有一些微孔，本身就有较小的孔结构，又有部分杂质对孔的堵塞作用，使其呈现出的孔结构的孔径小于亚甲基蓝的分子直径，这些孔对亚甲基蓝的吸附就没有贡献作用。二茂铁改性后，树脂的孔径变小，但—SO_3^- 的量增加，促进了树脂的离子交换作用，而且二茂铁的负载，对电子斥力起到了一定的缓冲作用，因而增加了对亚甲基蓝的饱和吸附量。

吸附剂对溶液中亚甲基蓝吸附的动力学通常可以用准一级反应动力学模型或准二级反应动力学模型表述，进而计算出吸附反应速率常数。

准一级反应动力学方程为

$$\lg(q_e - q_t) = \lg q_e - \frac{k}{2.303}t \qquad (5\text{-}8)$$

式中，q_e 和 q_t 分别为反应平衡时刻和反应 t 时刻吸附剂对亚甲基蓝的吸附量；k 是吸附反应速率常数。吸附反应速率常数 k、饱和吸附量 q_e 和相关系数 R^2 可以通过 $\lg(q_e - q_t)$ 对 t 作图求出。结果如图 5-7 所示，计算所求的 k、q_e 和 R^2 见表 5-5。

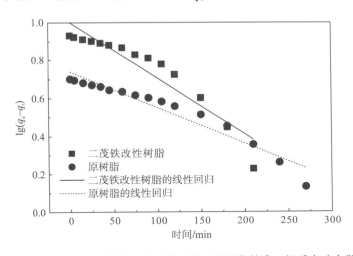

图 5-7 原树脂和二茂铁改性树脂吸附亚甲基蓝的准一级反应动力学

原树脂和二茂铁改性树脂对亚甲基蓝的吸附拟合的准一级反应动力学方程所得的相关系数分别为 0.9335 和 0.8805，计算所得的饱和吸附量分别为 5.4777mg·g^{-1} 和 10.0178mg·g^{-1}。原树脂吸附亚甲基蓝的饱和吸附量的计算值与实测值 5.7143mg·g^{-1} 很接近，由此判断该过程符合准一级反应动力学模型。

同时将原树脂和二茂铁改性树脂吸附亚甲基蓝的数据进行准二级反应动力学方程拟合(图 5-8)，方程式为

$$\frac{t}{q_t} = \frac{1}{kq_e^2} + \frac{1}{q_e}t \tag{5-9}$$

其中，饱和吸附量 q_e 和准二级反应速率常数 k 由 t/q_t 对 t 作图的斜率求得，结果见表 5-5。

从图 5-8 中可以看出，原树脂和二茂铁改性树脂对亚甲基蓝吸附拟合的准二级反应动力学模型优于准一级反应动力学模型，其所求得的原树脂和二茂铁改性树脂对亚甲基蓝的饱和吸附量分别为 3.6340mg·g^{-1} 和 9.1818mg·g^{-1}。二茂铁改性树脂吸附亚甲基蓝的饱和吸附量的计算值与实测值 8.7719mg·g^{-1} 很接近，且拟合的相关系数为 0.9955。因此，二茂铁改性树脂对亚甲基蓝的吸附符合准二级反应动力学方程。

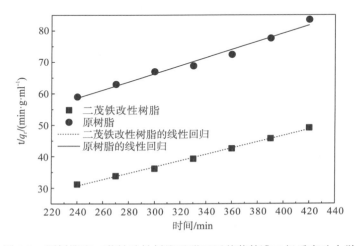

图 5-8　原树脂和二茂铁改性树脂吸附亚甲基蓝的准二级反应动力学

表 5-5　原树脂和二茂铁改性树脂吸附亚甲基蓝的动力学拟合参数

吸附剂	准一级反应动力学参数			准二级反应动力学参数		
	k	q_e/(mg·g^{-1})	R^2	k	q_e/(mg·g^{-1})	R^2
二茂铁改性树脂	0.0046	10.0178	0.8805	0.0038	9.1818	0.9955
原树脂	0.0060	5.4777	0.9335	0.0013	3.6340	0.9757

5.1.4　影响二茂铁改性树脂吸附亚甲基蓝的主要因素

溶液的 pH 是影响吸附过程的重要因素之一，本节研究了当亚甲基蓝的浓度为 10mg·L^{-1}、pH 为 2～12 时，原树脂和二茂铁改性树脂对亚甲基蓝的吸附去除，结果如图 5-9 所示。结果表明，相对二茂铁改性树脂而言，pH 对原树脂的吸附性能有明显影响。随着溶液的 pH 从 2 上升到 12，原树脂对亚甲基蓝的去除率逐渐降低，尤其是在 pH 从 2 上升到 7 时，亚甲基蓝的去除率变化更为明显，从 61.4%下降到 16.1%。亚甲基蓝是一种阳离子染料，且其在水溶液中主要以阳离子态存在(Yanishpolskii et al., 2000)，其 pK_a 值大于 13，pH 大于 13 时，用实验的方法无法确定其精确数值(Meyer and Treadwell, 1952)，在 pH＝2～12 时，pH 对亚甲基蓝存在形态的影响基本可以忽略。亚甲基蓝离子存在于溶液中，使得体系中阳离子态物质的浓度增加，这有助于其在阳离子交换树脂上的吸附。在中性和碱性条件下，溶液中有较高浓度的 OH^-，与树脂表面所携带的正电荷发生中和反应，降低了树脂的交换吸附能力，因此，溶液的 pH 是影响原树脂吸附能力的重要因素之一。相反地，二茂铁改性树脂在 pH＝2～12 时对亚甲基蓝均有较好的吸附效果，其吸附去除率均大于 96%。这个结果表明，二茂铁改性树脂克服了 pH 的限制，在一个较广的 pH 范围内有较好的吸附能力，具有应用到实际废水处理中的潜能。分析原因是：改性后的树脂中—SO_3^- 的量增加，树脂的离子交换能力增强；二茂铁有氧化还原可逆特性，可得失一个电子，缓冲了树脂表面和亚甲基蓝之间的电子斥力，因此树脂经二茂铁改性后，饱和吸附量增加，对亚甲基蓝的去除率提高。与最佳条件下相比(pH＝3，亚甲基蓝的吸附去除率为 99.82%)，pH＝2 条件下，吸附平衡时，溶液中亚甲基蓝的去除率(99.37%)略有降低，一方面是由于溶液中的 H^+和二茂铁改性树脂之间的电子斥力影响了亚甲基蓝和二茂铁改性树脂的接触；另一方面，溶液中的 H^+和亚甲基蓝有一定的竞争作用，这也会影响二茂铁改性树脂对亚甲基蓝的吸附。随着体系 pH 从 2 增加到 12，亚甲基蓝的去除率逐渐降低，当 pH＝12 时，体系中亚甲基蓝的去除率为 96.28%，这是由于碱性条件下的电子吸引力影响了二茂铁改性树脂对亚甲基蓝的吸附作用(Sidiras et al.，2011)。

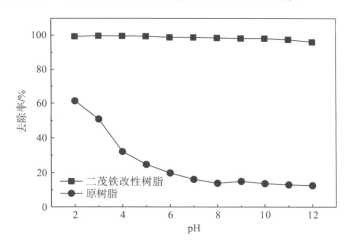

图 5-9　溶液的 pH 对亚甲基蓝去除的影响

接着我们研究了吸附剂的量对体系中亚甲基蓝吸附去除的影响。向 100mL pH＝3、10mg·L⁻¹的亚甲基蓝溶液中投加一定量的吸附剂使其浓度为 0.25～2.0g·L⁻¹，吸附平衡时刻亚甲基蓝的去除率和吸附剂的吸附量如图 5-10 所示。由图可见，随着吸附剂浓度的增加，亚甲基蓝的去除率逐渐增加。此后，继续增加吸附剂的用量，亚甲基蓝的去除率基本保持不变。分析其原因是吸附剂用量的增加，使得吸附剂总的比表面积增加，参与吸附作用的活性位点数量增加，因此，亚甲基蓝的去除率增加。一定量的亚甲基蓝被吸附到吸附剂上，吸附剂的量越多，单位质量的吸附剂去除亚甲基蓝的量越少，因此，原树脂和二茂铁改性树脂的饱和吸附量随着吸附剂用量的增加而逐渐降低。

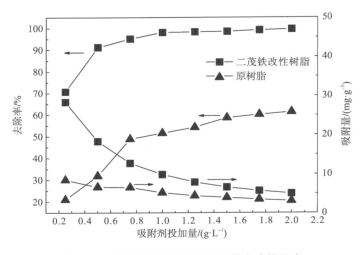

图 5-10　吸附剂的用量对亚甲基蓝去除的影响

　　二茂铁改性树脂在 pH＝2～12 时对亚甲基蓝均有较好的去除效果，其最佳反应条件为 pH＝2～4。本节考察了在 pH＝2～4 时，二茂铁改性树脂上二茂铁的溶出情况，结果如图 5-11 所示。自反应 0min 时起，随着反应的进行，二茂铁以较快的速度溶出，并在反应 10min 时达到一个浓度的峰值。此时，pH 为 2、3、4 时溶液中二茂铁的浓度分别为 $4.31 \times 10^{-6} \text{mol·L}^{-1}$、$4.60 \times 10^{-6} \text{mol·L}^{-1}$ 和 $4.90 \times 10^{-6} \text{mol·L}^{-1}$。随着二茂铁的溶出，可空出部分活性位点用于亚甲基蓝的吸附，但是亚甲基蓝分子的三维尺寸大于二茂铁分子（Gobi et al.，2011），所以孔中二茂铁脱附下来的位点未必是亚甲基蓝吸附的有效位点，而树脂表面二茂铁脱附的位点可促进亚甲基蓝的吸附。这也是二茂铁改性树脂对亚甲基蓝的饱和吸附量大于原树脂的原因之一。随着反应的继续进行，脱附到溶液中的二茂铁又被吸附回去，然后再一次溶出，在反应 300min 左右达到第二个峰值。但在反应的终点时刻，溶出的二茂铁几乎都会被完全吸附回去。由此可见，二茂铁改性树脂上的二茂铁在反应过程中存在溶出，但是在反应的终点时刻几乎都会被完全吸附回去，因此二茂铁改性树脂具有较好的稳定性，对水质影响非常小。

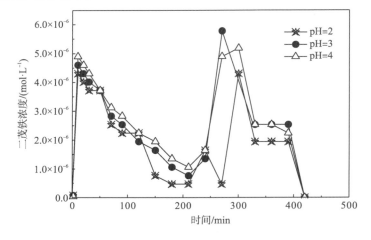

图 5-11　二茂铁改性树脂的稳定性

5.2　二茂铁改性树脂同时吸附溶液中的亚甲基蓝和铜离子

5.2.1　吸附等温线

在 pH＝4、吸附剂用量为 1g·L⁻¹、亚甲基蓝浓度为 0～10mg·L⁻¹、Cu²⁺浓度为 0～640mg·L⁻¹、振荡速率为 275r·min⁻¹ 时，研究了亚甲基蓝和 Cu²⁺的吸附等温线，结果如图 5-12 和图 5-13 所示。

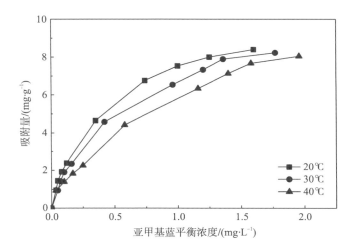

图 5-12　二茂铁改性树脂吸附亚甲基蓝的吸附等温线

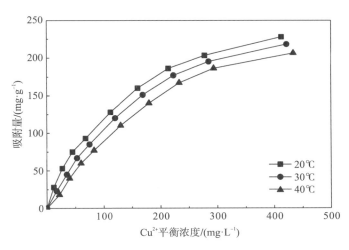

图 5-13　二茂铁改性树脂吸附 Cu²⁺的吸附等温线

二茂铁改性树脂对体系中亚甲基蓝和 Cu²⁺的吸附量随着体系中亚甲基蓝和 Cu²⁺浓度的增加而逐渐增加。亚甲基蓝和 Cu²⁺在二茂铁改性树脂上的吸附量均随着反应温度的增加而逐渐降低，这表明二茂铁改性树脂吸附水体中的亚甲基蓝和 Cu²⁺的过程是放热反应。

30℃时，当体系中的亚甲基蓝和 Cu^{2+} 浓度分别为 $10mg\cdot L^{-1}$ 和 $640mg\cdot L^{-1}$ 时，二茂铁对亚甲基蓝和 Cu^{2+} 的饱和吸附量分别为 $8.23mg\cdot g^{-1}$ 和 $218mg\cdot g^{-1}$。

选用 Langmuir、Freundlich 和 Dubinin-Radushkevich 三个吸附模型用于实验所得数据的分析。Langmuir 吸附模型中的分离参数 R_L 可由式(5-10)计算得出：

$$R_L = \frac{1}{1 + bC_0} \qquad (5\text{-}10)$$

式中，b 是吸附能常数；C_0 是初始浓度。

当 $R_L < 1$ 时，表明吸附反应容易发生；当 $R_L > 1$ 时，表明吸附反应不易进行；当 $R_L = 1$ 时，表明反应有线性关系。二茂铁改性树脂吸附亚甲基蓝和 Cu^{2+} 的 Langmuir 拟合曲线如图 5-14 所示，拟合参数见表 5-6。可见，二茂铁改性树脂吸附亚甲基蓝和 Cu^{2+} 的数据拟合 Langmuir 吸附模型的相关系数均大于或等于 0.995，吸附平衡时计算所得的亚甲基蓝和 Cu^{2+} 的饱和吸附量分别为 $10.009mg\cdot g^{-1}$ 和 $392.157mg\cdot g^{-1}$。

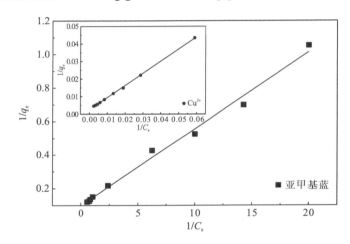

图 5-14　二茂铁改性树脂吸附亚甲基蓝和 Cu^{2+} 的 Langmuir 拟合

二茂铁改性树脂吸附亚甲基蓝和 Cu^{2+} 的 Freundlich 拟合曲线如图 5-15 所示，拟合参数见表 5-6。二茂铁改性树脂对亚甲基蓝和 Cu^{2+} 拟合 Freundlich 方程的相关系数均大于 0.97，计算饱和吸附量分别为 $228.985mg\cdot g^{-1}$ 和 $5.455mg\cdot g^{-1}$。同样，Dubinin-Radushkevich 吸附模型也被用于二茂铁改性树脂吸附亚甲基蓝和 Cu^{2+} 的拟合，结果如图 5-16 所示，结果表明，拟合的相关系数均小于 0.5，这说明亚甲基蓝和 Cu^{2+} 吸附的 $\ln q_e$ 与 ε^2 线性关系较差，亚甲基蓝和 Cu^{2+} 的吸附不符合 Dubinin-Radushkevich 吸附模型。考虑到拟合的相关性及饱和吸附量实测值和计算值的一致性，Langmuir 吸附模型能更准确地描述亚甲基蓝的吸附，而 Freundlich 吸附模型能更准确地描述 Cu^{2+} 的吸附。

计算可得亚甲基蓝和 Cu^{2+} 吸附的分离系数 R_L 分别为 0.0441 和 0.2976，这表明亚甲基蓝和 Cu^{2+} 的吸附容易发生。另外，亚甲基蓝和 Cu^{2+} 的吸附参数 $n > 1$，这也揭示了吸附反应的易发性，Cu^{2+} 的吸附参数 $1/n = 0.712$ 说明了 Cu^{2+} 吸附到二茂铁改性树脂的表面是多层吸附(Ai et al.，2011；Auta and Hameed，2012，2013)。

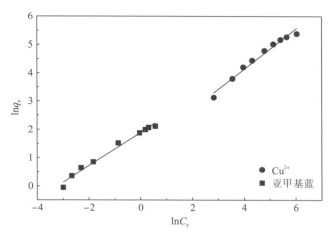

图 5-15　二茂铁改性树脂吸附亚甲基蓝和 Cu²⁺的 Freundlich 拟合

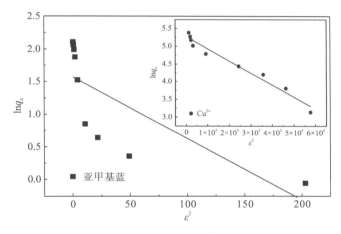

图 5-16　二茂铁改性树脂吸附亚甲基蓝和 Cu²⁺的 Dubinin-Radushkevich 拟合

表 5-6　二茂铁改性树脂吸附亚甲基蓝和 Cu²⁺的 Langmuir、Freundlich 和 Dubinin-Radushkevich 拟合参数

吸附模型	参数	Cu²⁺	亚甲基蓝
Langmuir	$q_e/(\mathrm{mg \cdot g^{-1}})$	392.160	10.009
	B	0.0037	2.1694
	R^2	0.999	0.995
	R_L	0.2976	0.0441
Freundlich	N	1.4084	1.7060
	K_F	3.6369	6.6212
	R^2	0.974	0.983
Dubinin-Radushkevich	$q_m/(\mathrm{mol \cdot g^{-1}})$	195	4.7998
	$\beta/(\mathrm{mol^2 \cdot kJ^{-2}})$	-3.427×10^{-6}	-9.370×10^{-3}
	R^2	0.096	0.498

5.2.2　吸附动力学和热力学

为研究二茂铁改性树脂吸附亚甲基蓝和 Cu^{2+}的动力学过程，本节选用准一级吸附动力学模型、准二级吸附动力学模型和韦伯-莫里斯方程进行拟合。二茂铁吸附亚甲基蓝和 Cu^{2+}的准一级反应和准二级反应动力学曲线如图 5-17 和图 5-18 所示。

二茂铁吸附亚甲基蓝的反应符合准一级反应动力学方程（R^2=0.848），而二茂铁吸附 Cu^{2+}的反应同时符合准一级和准二级反应动力学方程，但更符合准一级反应动力学方程（R^2=0.9931）。吸附平衡时，吸附剂的饱和吸附量与反应 t 时刻的吸附量的差值推动吸附质向吸附剂靠近。饱和吸附量与吸附剂表面的活性位点有关（Lagergren，1898）。根据准二级反应动力学模型，可将二茂铁改性树脂吸附 Cu^{2+}描述为以下过程：溶液中的 Cu^{2+}进入吸附剂和溶液之间的液固界面，此过程较快；随着反应的进行，Cu^{2+}被吸附到吸附剂表面，最后进入孔中。

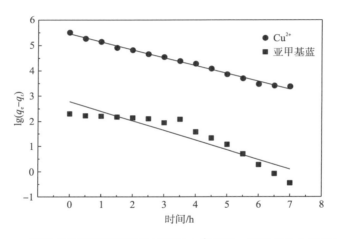

图 5-17　二茂铁改性树脂吸附亚甲基蓝和 Cu^{2+}的准一级反应动力学拟合曲线

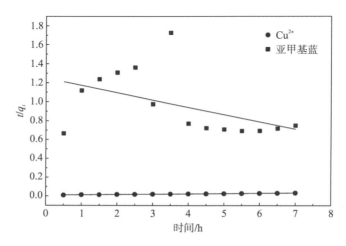

图 5-18　二茂铁改性树脂吸附亚甲基蓝和 Cu^{2+}的准二级反应动力学拟合曲线

　　本节在 Cu^{2+} 的吸附符合准二级反应动力学模型的基础上，选用韦伯-莫里斯方程对二茂铁改性树脂吸附 Cu^{2+} 进行拟合，考察吸附剂的表面和孔内扩散作用对吸附的影响，结果如图 5-19 和图 5-20 所示，动力学参数见表 5-7。韦伯-莫里斯方程为

$$q_t = K_{id}t^{1/2} + C \tag{5-11}$$

式中，C 为界面层厚度，$mg \cdot g^{-1}$；K_{id} 为孔内扩散速率，$mg \cdot g^{-1} \cdot min^{1/2}$。

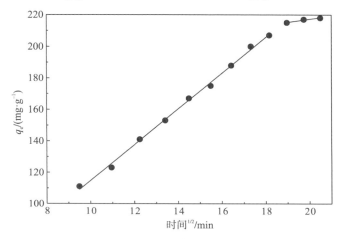

图 5-19　二茂铁改性树脂吸附 Cu^{2+} 的韦伯-莫里斯方程拟合曲线

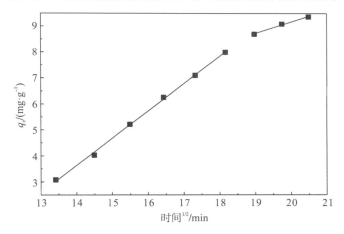

图 5-20　二茂铁改性树脂吸附亚甲基蓝的韦伯-莫里斯方程拟合曲线

表 5-7　二茂铁改性树脂同时吸附亚甲基蓝和 Cu^{2+} 的动力学参数

动力学模型	参数	Cu^{2+}	亚甲基蓝
	k_1/h^{-1}	0.313	0.385
准一级反应动力学方程	$q_e/(mg \cdot g^{-1})$	233.7939	16.1848
	R^2	0.9931	0.8485
	$k_2/(g \cdot mg^{-1} \cdot h^{-1})$	0.32×10^{-2}	4.44×10^{-5}
准二级反应动力学方程	$q_e/(mg \cdot g^{-1})$	311.527	-134.228
	R^2	0.9896	0.1628

续表

动力学模型	参数	Cu^{2+}	亚甲基蓝
	K_{id}	11.3618	1.0482
内扩散模型	C	1.1794	/
	R^2	0.9946	0.9983

　　由表 5-7 可知，准一级反应动力学方程、准二级反应动力学方程和韦伯-莫里斯方程拟合 Cu^{2+}吸附曲线的 R^2 大小顺序为：韦伯-莫里斯方程(R^2=0.9946)＞准一级反应动力学方程(R^2=0.9931)＞准二级反应动力学方程(R^2=0.9896)，由此判断韦伯-莫里斯方程可用于 Cu^{2+}吸附过程的描述，且 Cu^{2+}的吸附符合韦伯-莫里斯方程。亚甲基蓝吸附拟合的相关系数大小顺序为：准一级反应动力学方程＞准二级反应动力学方程。尽管韦伯-莫里斯方程拟合亚甲基蓝所得拟合曲线有较大相关系数(R^2=0.9983)，但是由韦伯-莫里斯方程计算所得的亚甲基蓝吸附的界面层厚度为负值。因此，亚甲基蓝的吸附只符合准一级反应动力学方程。

　　在图 5-19 中，对于 Cu^{2+}的吸附，$q_t \sim t^{1/2}$ 不过原点，由此可知孔内扩散是 Cu^{2+}吸附的一个极为重要的但不是唯一的限速步骤。Cu^{2+}吸附反应的过程可能受孔内扩散、薄膜扩散和竞争作用共同影响。此种情况下，可通过控制搅拌速率和反应温度来对反应速率进行调控(Ho，1995)。

　　由以上研究可知，二茂铁改性树脂吸附亚甲基蓝符合准一级反应动力学方程，吸附 Cu^{2+}符合准二级反应动力学方程。分别将其反应速率常数 k_1 和 k_2 代入阿伦尼乌斯方程，计算反应的活化能 E_a，结果见表 5-8。

　　从表 5-8 可知，随着反应温度的升高，二茂铁改性树脂吸附亚甲基蓝和 Cu^{2+}的反应速率降低。计算所得二茂铁改性树脂吸附亚甲基蓝和 Cu^{2+}的反应活化能分别为 2.094kJ·mol^{-1}和 1.272kJ·mol^{-1}。反应活化能低于 40kJ·mol^{-1}的吸附过程是物理吸附，40~800kJ·mol^{-1}的吸附过程是化学吸附(Nollet et al.，2003)。由此可以判断，二茂铁改性树脂吸附亚甲基蓝和 Cu^{2+}的过程均为物理吸附过程。实际上，物理吸附和化学吸附可能同时进行，一层吸附质被化学吸附在吸附剂的表面，然后溶液中的吸附质继续被物理吸附在该层吸附质外面(Denizli et al.，2000)。

表 5-8　二茂铁改性树脂吸附亚甲基蓝和 Cu^{2+}的反应活化能

温度/K	亚甲基蓝		Cu^{2+}	
	k_1/h^{-1}	E_a/(kJ·mol^{-1})	k_2/(g·mg^{-1}·h^{-1})	E_a/(kJ·mol^{-1})
293	0.437		0.0038	
303	0.385	2.094	0.0032	1.272
313	0.264		0.0028	

　　为考察二茂铁改性树脂吸附 Cu^{2+}和亚甲基蓝过程中的能量变化，本节考察了吸附过程中的热力学性质及 293K、303K 和 313K 时，温度对吸附的影响。计算所得的反应热力学参数吉布斯自由能变($\Delta G^{\ominus}$)、焓变($\Delta H^{\ominus}$)和熵变($\Delta S^{\ominus}$)见表 5-9。

表 5-9　二茂铁改性树脂吸附亚甲基蓝和 Cu²⁺的热力学参数

吸附质	$\Delta G^\ominus$/(kJ·mol⁻¹)			$\Delta H^\ominus$/(kJ·mol⁻¹·K⁻¹)	$\Delta S^\ominus$/(kJ·mol⁻¹)
	293K	303K	313K		
Cu²⁺	-1344.2	-1300.73	-1234.59	-5746.6543	-9397.1351
亚甲基蓝	-12782.9	-11707.7	-10669.5	-24.5191	-18.2761

由表 5-9 可知，温度为 293K、303K 和 313K 时，二茂铁改性树脂吸附亚甲基蓝的 $\Delta G^\ominus$ 分别为-12782.9kJ·mol⁻¹、-11707.7kJ·mol⁻¹ 和-10669.5kJ·mol⁻¹，吸附 Cu²⁺的 $\Delta G^\ominus$ 为-1344.2kJ·mol⁻¹、-1300.73kJ·mol⁻¹ 和-1234.59kJ·mol⁻¹。这表明二茂铁改性树脂吸附亚甲基蓝和 Cu²⁺的过程是一个自发的过程。二茂铁改性树脂吸附亚甲基蓝和 Cu²⁺的 $\Delta H^\ominus$ 分别为-24.5191kJ/(mol·K) 和-5746.6543kJ/(mol·K)，这表明二茂铁吸附亚甲基蓝和 Cu²⁺的反应是放热过程，随着溶液温度的升高，二茂铁改性树脂对亚甲基蓝和 Cu²⁺的饱和吸附量降低（Gupta and Kumar，1999；Gupta et al.，2009；Ho and Mckay，1998）。二茂铁改性树脂吸附亚甲基蓝和 Cu²⁺的 $\Delta S^\ominus$ 分别为-18.2761kJ·mol⁻¹ 和-9397.1351kJ·mol⁻¹，这表明在二茂铁改性树脂同时吸附亚甲基蓝和 Cu²⁺的过程中，其表面亚甲基蓝和 Cu²⁺的无序性降低（Manju et al.，1998）。

5.2.3　影响二茂铁改性树脂同时吸附亚甲基蓝和 Cu²⁺的主要因素

溶液的 pH 是影响金属离子和染料吸附的重要因素（Rehman et al.，2013）。考虑到碱性条件下 Cu²⁺的沉淀，本节在 pH＝2～7 的范围内考察了 pH 对二茂铁改性树脂吸附亚甲基蓝和 Cu²⁺的影响。反应液体积为 100mL、亚甲基蓝浓度为 10mg·L⁻¹、Cu²⁺的浓度为 640mg·L⁻¹、二茂铁改性树脂浓度为 1g·L⁻¹，结果如图 5-21 所示。

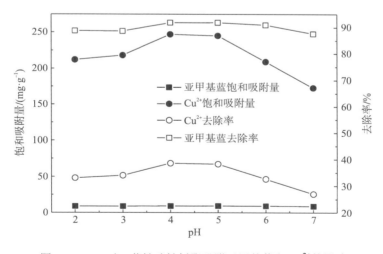

图 5-21　pH 对二茂铁改性树脂吸附亚甲基蓝和 Cu²⁺的影响

随着溶液的 pH 从 2 增加到 4，二茂铁改性树脂吸附亚甲基蓝和 Cu²⁺的饱和吸附量逐渐增加，并分别在 pH＝4 时达到最大值 9.18mg·g⁻¹ 和 247.13mg·g⁻¹。此时体系中亚甲基蓝的去除率为 91.84%，Cu^{2+} 的去除率为 38.59%。pH=5 时，二茂铁改性树脂吸附亚甲基蓝和 Cu^{2+} 的饱和吸附量分别为 9.18mg·g^{-1} 和 245.06mg·g^{-1}，此时，对应的亚甲基蓝和 Cu^{2+} 的去除率分别为 91.84% 和 38.28%。当 pH>5 时，继续提高溶液的 pH，亚甲基蓝和 Cu^{2+} 的饱和吸附量及去除率均呈降低趋势。pH=7 时，二茂铁改性树脂吸附亚甲基蓝和 Cu^{2+} 的饱和吸附量分别为 8.76mg·g^{-1} 和 173.01mg·g^{-1}，此时，对应的亚甲基蓝和 Cu^{2+} 去除率分别为 87.63% 和 27.03%。分析其原因是：吸附剂的表面电荷量及吸附质的离子化程度和基团的解离受 pH 影响（DíazGómez-Treviño et al.，2013），且在不同 pH 时，吸附双电层的斥力也有所不同；此外，二茂铁改性树脂表面负载的二茂铁具有氧化还原可逆的特性，可以很容易得失一个电子，这也对电子的引力和斥力有一定影响。pH 对二茂铁改性树脂吸附 Cu^{2+} 影响较为明显，但在 pH=2～7 时，对亚甲基蓝也有一定的吸附去除率。pH=4～5 为二茂铁改性树脂同时吸附亚甲基蓝和 Cu^{2+} 最佳的反应工艺条件。

在反应液体积为 100mL、亚甲基蓝浓度为 10mg·L^{-1}、Cu^{2+} 浓度为 640mg·L^{-1}、pH=4、二茂铁改性树脂浓度为 0～2.0g·L^{-1} 的条件下考察了吸附剂浓度对二茂铁改性树脂对亚甲基蓝和 Cu^{2+} 饱和吸附量和去除率的影响，结果如图 5-22 所示。

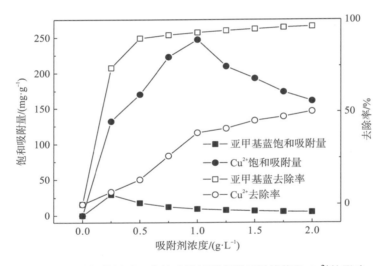

图 5-22 吸附剂的量对二茂铁改性树脂吸附亚甲基蓝和 Cu^{2+} 的影响

结果表明当吸附剂浓度为 0～0.25g·L^{-1} 时，亚甲基蓝的饱和吸附量及去除率均随着吸附剂浓度的升高而增加；吸附剂浓度为 0～1g·L^{-1} 时，Cu^{2+} 的饱和吸附量及去除率随着吸附浓度的升高而增加。当吸附剂浓度为 1.0g·L^{-1} 时，Cu^{2+} 的饱和吸附量为 247.13mg·g^{-1}；吸附剂浓度为 0.25g·L^{-1} 时，亚甲基蓝的饱和吸附量为 29.58mg·g^{-1}。继续增加吸附剂的浓度，亚甲基蓝和 Cu^{2+} 的饱和吸附量均呈降低趋势。这种现象有助于确定反应过程中催化剂的用量以实现催化剂的充分利用。在吸附剂浓度为 0～0.5g·L^{-1} 的范围内，亚甲基蓝的去除率随着吸附剂浓度的增加有明显的增加，当吸附剂浓度为 0.5g·L^{-1} 时，亚甲基蓝的去除率为 89.63%。此后，继续增加吸附剂浓度，亚甲基蓝的去除率基本恒定。吸附剂浓度由 0.25g·L^{-1} 增加到 2.0g·L^{-1} 时，亚甲基蓝去除率从 73.96% 增加到 96.39%，亚甲基蓝的饱

和吸附量从 $29.58mg\cdot g^{-1}$ 下降到 $4.82mg\cdot g^{-1}$。在 $0\sim2.0g\cdot L^{-1}$ 的范围内，随着吸附剂浓度的增加，Cu^{2+} 的去除率增加。在 $1.0\sim2.0mg\cdot g^{-1}$ 的范围内，随着 Cu^{2+} 的去除率从 38.59% 增加到 50.16%，Cu^{2+} 的饱和吸附量从 $247.13mg\cdot g^{-1}$ 降低到 $160.5mg\cdot g^{-1}$。分析其原因是：催化剂的浓度增加，可用于吸附亚甲基蓝和 Cu^{2+} 的活性位点的数量增加，因此亚甲基蓝和 Cu^{2+} 的去除率增加。达到吸附剂的最大利用率后，吸附质的量不变，随着吸附剂用量的继续增加，单位质量的吸附剂吸附的亚甲基蓝和 Cu^{2+} 的量减少，饱和吸附量降低（Javaid et al.，2011；Karaer and Uzun，2013；Safa and Bhatti，2011）。

5.3 本 章 小 结

（1）制备了二 ss 茂铁改性树脂用于亚甲基蓝的吸附去除，并与原树脂进行比较。结果表明，改性后的树脂比表面积和孔径均有所减小。原树脂和二茂铁改性树脂对亚甲基蓝的吸附均符合 Langmuir 吸附模型。原树脂对亚甲基蓝的吸附符合准一级反应动力学模型；二茂铁改性树脂对亚甲基蓝的吸附符合准二级反应动力学模型。

（2）原树脂和二茂铁改性树脂吸附亚甲基蓝的过程都是自发的，但原树脂吸附亚甲基蓝的过程是吸热反应，反应过程中，分子的无序性降低；二茂铁改性树脂吸附亚甲基蓝的过程是放热反应，反应过程中分子的无序性升高。

（3）二茂铁改性树脂同时吸附混合溶液中亚甲基蓝和 Cu^{2+} 的结果表明：该过程是一个自发的放热反应，亚甲基蓝的吸附符合 Langmuir 吸附模型，Cu^{2+} 的吸附符合 Freundlich 吸附模型。二茂铁改性树脂对亚甲基蓝的吸附过程符合准一级反应动力学模型，对 Cu^{2+} 的吸附过程符合韦伯-莫里斯方程。

（4）亚甲基蓝和 Cu^{2+} 在二茂铁改性树脂上的吸附是物理吸附，反应活化能（E_a）分别为 $2.094kJ\cdot mol^{-1}$ 和 $1.272kJ\cdot mol^{-1}$。

参 考 文 献

Ai L H, Li M, Li L, 2011. Adsorption of Methylene Blue from aqueous solution with activated carbon/cobalt ferrite/alginate composite beads: kinetics, isotherms, and thermodynamics[J]. Journal of Chemical & Engineering Data, 56(8): 3475-3483.

Auta M, Hameed B H, 2012. Modified mesoporous clay adsorbent for adsorption isotherm and kinetics of Methylene Blue[J]. Chemical Engineering Journal, 198-199: 219-227.

Auta M, Hameed B H, 2013. Acid modified local clay beads as effective low-cost adsorbent for dynamic adsorption of Methylene Blue[J]. Journal of Industrial and Engineering Chemistry, 19(4): 1153-1161.

Denizli A, Say R, Arica Y, 2000. Removal of heavy metal ions from aquatic solutions by membrane chromatography[J]. Separation and Purification Technology, 21(1-2): 181-190.

DíazGómez-Treviño A P, Martínez-Miranda V, Solache-Ríos M, 2013. Removal of Remazol Yellow from aqueous solutions by unmodified and stabilized iron modified clay[J]. Applied Clay Science, 80-81: 219-225.

Gobi K, Mashitah M D, Vadivelu V M, 2011. Adsorptive removal of Methylene Blue using novel adsorbent from palm oil mill effluent waste activated sludge: equilibrium, thermodynamics and kinetic studies[J]. Chemical Engineering Journal, 171(3):

1246-1252.

Gupta V K, Kumar P, 1999. Cadmium (II)-selective sensors based on dibenzo-24-crown-8 in PVC matrix[J]. Analytica Chimica Acta, 389 (1-3): 205-212.

Gupta V K, Carrott P J M, Ribeiro M M L, et al., 2009. Low-cost adsorbents: growing approach to wastewater treatment—a review[J]. Critical Reviews in Environmental Science and Technology, 39 (10): 783-842.

Javaid M, Saleemi A R, Naveed S, et al., 2011. Anaerobic treatment of desizing effluent in a mesophilic anaerobic packed bed reactor[J]. Journal of the Pakistan Institute of Chemical Engineers, 39: 61-67.

Ho Y S, 1995. Adsorption of heavy metals from waste streams by peat[D]. Birmingham: University of Birmingham.

Ho Y S, Mckay G, 1998. Sorption of dye from aqueous solution by peat[J]. Chemical Engineering Journal, 70 (2): 115-124.

Karaer H, Uzun I, 2013. Adsorption of basic dyestuffs from aqueous solution by modified chitosan[J]. Desalination and Water Treatment, 51 (10-12): 2294-2305.

Lagergren S, 1898. About the theory of so-called adsorption of soluble substances[J]. Svenska Vetenskapsakademiens Handlingar, 24 (4): 1-39.

Manju G N, Raji C, Anirudhan T S, 1998. Evaluation of coconut husk carbon for the removal of arsenic from water[J]. Water Research, 32 (10): 3062-3070.

Meyer H W, Treadwell W D, 1952. Über die redoxpotentiale von einigen polyoxyanthrachinonen und küpenfarbstoffen[J]. Helvetica Chimica Acta, 35 (5): 1444-1460.

Nollet H, Roels M, Lutgen P, et al., 2003. Removal of PCBs from wastewater using fly ash[J]. Chemosphere, 53 (6): 655-665.

Rehman M S U, Munir M, Ashfaq M, et al., 2013. Adsorption of Brilliant Green dye from aqueous solution onto red clay[J]. Chemical Engineering Journal, 228: 54-62.

Safa Y, Bhatti H N, 2011. Kinetic and thermodynamic modeling for the removal of Direct Red-31 and Direct Orange-26 dyes from aqueous solutions by rice husk[J]. Desalination, 272 (1-3): 313-322.

Sidiras D, Batzias F, Schroeder E, et al., 2011. Dye adsorption on autohydrolyzed pine sawdust in batch and fixed-bed systems[J]. Chemical Engineering Journal, 171 (3): 883-896.

Yanishpolskii V V, Skubiszewska-Zieba J, Leboda R, et al., 2000. Methylene Blue sorption equilibria on hydroxylated silica surfaces as well as on carbon-silica adsorbents (carbosils) [J]. Adsorption Science & Technology, 18 (2): 83-95.

第 6 章　铁铁水滑石催化的类 Fenton 反应
对亚甲基蓝的降解及其机制

层状双金属氢氧化物(layered double hydroxides，LDHs)是一种具有层状结构的功能材料，也是近年来受到广泛关注的一类新型固体催化材料，具有碱性、氧化还原性和层间阴离子可交换性(刘媛，2005)。其代表性物质之一是水滑石类阴离子黏土，主要是水滑石(hydrotalcite，HT)、类水滑石(hydrotalcite-like compounds，HTLcs)。LDHs 是一种类似于蒙脱石的新型矿物材料。水滑石组成中的 Mg^{2+} 和 Al^{3+} 可以被其他同价金属离子取代，构成不同类型的类水滑石(Li and Duan，2006；Zhang et al.，2004)。当位于层板上的 Mg^{2+} 被 Fe^{2+} 取代、Al^{3+} 被 Fe^{3+} 取代后，可以得到铁铁水滑石(FeFe-LDH)(Drissi et al.，1994)。由于 Fe^{3+} 是过渡金属离子，含有空的 d 轨道，当其介于水滑石层板的正八面体中心时，能与配体形成较强的配位键，增强层板间羟基的极性，与层间 H_2O 形成较强的氢键。同时由于层间阴离子带有负电荷，会与层间 H_2O 中的氢原子以氢键方式结合，增大层间距。如果将其应用于有机物的降解处理，会使更多目标离子进入内层中，使得 FeFe-LDH 用于捕捉污染物，最终以固体形式去除成为可能。FeFe-LDH 的晶体结构中含有高活性、容易被氧化的 Fe^{2+}，使其具有良好的还原性能，因此 FeFe-LDH 可以被用于还原阴离子污染物(如 NO_3^- 和 NO_2^-)的反应中，能够将高价态的 NO_3^- 和 NO_2^- 离子还原为具有低价态 N 的 NH_4^+ 离子，实现 N 的循环利用(Hansen et al.，1994；Hansen and Bender，1998)。在强还原性条件下，FeFe-LDH 还可作为污水中重金属离子和磷酸根的沉淀剂，以及硅酸根离子的高效吸收剂，同时也是制备陶瓷颜料——磁铁矿和赤铁矿的优良前体。

LDHs 通常具有碱催化和还原催化性能，可以调节阴、阳离子种类，是一类新型催化材料，其应用范围较广。此外，FeFe-LDH 还具有长寿命及良好的再生性能，其固态稳定性可以使其用于处理有机废水后实现固液分离。本章在空气和 N_2 气氛下，$[Fe^{2+}:Fe^{3+}]=$ $1:0$、$1:1$ 和 $1:2$ 时制备了三种不同的 FeFe-LDH，并使用 X 射线衍射(X-ray diffraction，XRD)、X 射线光电子能谱(X-ray photoelectron spectroscopy，XPS)和扫描电子显微镜(scanning electron microscope，SEM)进行了表征，考察了催化剂中 pH、催化剂的用量对 FeFe-LDH 催化的非均相 Fenton 体系降解亚甲基蓝的影响，测定了反应过程中溶液 pH 的变化。重点对反应过程中产生的阴离子和中间产物进行测定，推导 FeFe-LDH 催化的非均相 Fenton 体系中亚甲基蓝降解的机制和途径。

6.1　FeFe-LDH 制备表征及其对亚甲基蓝的氧化降解性能

6.1.1　FeFe-LDH 的催化性能

不同的晶体有其特殊的晶型，受到 X 射线照射后，发生衍射产生其特有的 X 射线衍射峰。空气气氛下，[Fe^{2+}：Fe^{3+}]=1：0 所制备的 FeFe-LDH 的 X 射线衍射峰如图 6-1 所示。

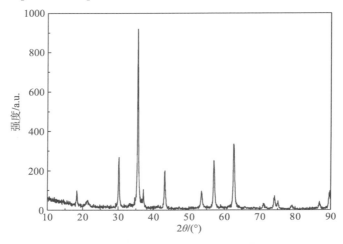

图 6-1　FeFe-LDH 的 XRD 图谱

从图 6-1 中可知，测试结果图谱基线较为平稳，杂峰较少。所制备的 FeFe-LDH 具备水滑石的特征结构，在 2θ 为 18º 和 22º 附近出现了层状结构所特有的衍射峰，57º 附近也出现了明显的衍射峰，这表明所制备的 FeFe-LDH 具有层状结构规整性的 110 晶面和 113 晶面，产物具有对称性良好的六方型晶面；30º～55º 出现了一系列其他晶面的衍射峰，这说明晶体生产比较完整。

使用扫描电子显微镜对 FeFe-LDH 的表面形貌进行了研究，并使用能谱考察了其中铁元素的含量，结果如图 6-2 所示。结果表明，所制备的 FeFe-LDH 表面粗糙，有许多孔状

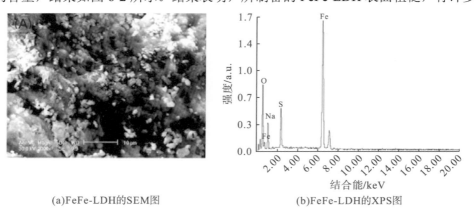

(a)FeFe-LDH的SEM图　　　　(b)FeFe-LDH的XPS图

图 6-2　FeFe-LDH 的 SEM 图和 XPS 图

结构，这表明其有较大的比表面积。能谱分析的结果表明铁是 FeFe-LDH 中的主要元素，其质量分数达到 67.63%。

采用 XPS 对所制备的铁铁水滑石的元素组成进行分析，结果如图 6-3 所示。结果发现，在 711.2eV 和 706.9eV 处出现 Fe 2p 和 Fe 2p3 两个峰，这表明铁铁水滑石中含有 FeOOH 和 Fe_3O_4。530.4eV 处的 O 1s 峰表明样品中还含有 sFe_2O_3。结合 XRD 和 XPS 结果可知，当[Fe^{2+}：Fe^{3+}]=1：0 时，空气气氛下制备的铁铁水滑石中含有少量的 FeOOH、Fe_2O_3、Fe_3O_4 等杂质。

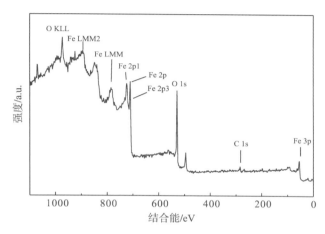

图 6-3　FeFe-LDH 的 XPS 总图谱

使用制备的三种 FeFe-LDH 建立非均相类 Fenton 体系，在 pH=3、10mg·L^{-1} 亚甲基蓝、0.01mmol·L^{-1} H_2O_2、0.1g·L^{-1} FeFe-LDHs 时比较亚甲基蓝在不同体系中的降解情况，以分析 FeFe-LDH 的催化性能，结果如图 6-4 所示。FeFe-LDH 制备过程中，[Fe^{2+}：Fe^{3+}]对其催化性能有一定的影响。当[Fe^{2+}：Fe^{3+}]=1：0 时，催化剂的催化效率最好，反应 5min，亚甲基蓝的剩余率降低到 4.323%，反应 15min 即可完全去除。当[Fe^{2+}：Fe^{3+}]=1：1 时，亚

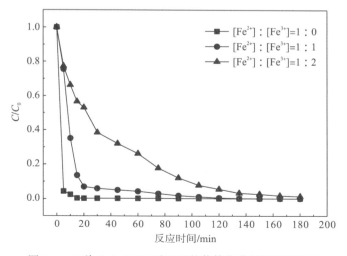

图 6-4　三种 FeFe-LDH 对亚甲基蓝催化降解的效率比较

甲基蓝降解的速率有所降低，但在反应 20min 后亚甲基蓝的剩余率仍可达到 6.918%。
$[Fe^{2+}:Fe^{3+}]=1:2$ 时，亚甲基蓝降解速率最慢，反应 120min 后，体系中亚甲基蓝的剩余率为 12.58%。由此可见，FeFe-LDH 制备过程中，$[Fe^{2+}]/[Fe^{3+}]$ 对 FeFe-LDH 的催化性能有较为明显的影响，随着物料中 $[Fe^{2+}]/[Fe^{3+}]$ 的增加，制备的 FeFe-LDH 的催化活性增强。

本节考察了 FeFe-LDH/H_2O_2 体系中，吸附作用和 Fenton 反应对亚甲基蓝的去除情况，结果如图 6-5 所示。结果表明，吸附对体系中亚甲基蓝的去除作用很小，发挥主要作用的是 FeFe-LDH/H_2O_2 反应。FeFe-LDH 催化体系中的 H_2O_2 分解产生·OH，分解体系中的亚甲基蓝。

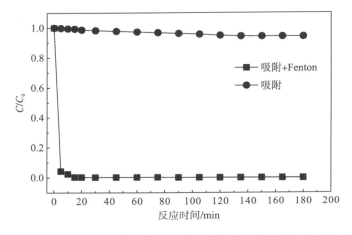

图 6-5　FeFe-LDH/H_2O_2 体系中的反应组成及其对亚甲基蓝去除的贡献

在 N_2 和空气的不同气氛下，使用 $[Fe^{2+}:Fe^{3+}]=1:0$（空气）、$1:1$（N_2）和 $1:2$（N_2）三种不同配料比，成功制备了三种不同类型的 FeFe-LDH 并将其应用于非均相 Fenton 体系中。$[Fe^{2+}:Fe^{3+}]=1:0$ 空气条件下制得的 FeFe-LDH 催化活性最好。因其对亚甲基蓝的吸附能力微弱，FeFe-LDH 催化的 Fenton 反应在亚甲基蓝的降解过程中占主导地位。

6.1.2　反应条件对 FeFe-LDH/H_2O_2 降解亚甲基蓝的影响

pH 是影响 Fenton 反应的重要因素之一，它不仅会影响反应体系的性能，对催化剂的稳定性和活性组分的溶出也有一定影响。就传统的均相 Fenton 体系而言，反应的最佳 pH 为 2～4。这主要是由于 pH 对体系中·OH 的产生有影响。当 pH<3 时，体系中的 H^+ 浓度较高，对溶液中的·OH 有捕获作用（Wang et al.，2013；Zepp et al.，1992）；当 pH>3 时，体系中的 Fe^{3+} 会发生羟基化反应生成 $Fe(OH)_2$ 和 $Fe(OH)_3$，这使得参与反应的 Fe^{2+} 和 Fe^{3+} 减少，减缓了体系中 H_2O_2 的分解和·OH 的产生，反应变慢，体系的效能降低。本节考察了反应体系的 pH 对 FeFe-LDH/H_2O_2 体系效能的影响，结果如图 6-6 所示，反应初始 10min 不同 pH 下的反应速率常数见表 6-1。可见在 pH=2～7 时，FeFe-LDH 催化的非均相类 Fenton 体系对亚甲基蓝有较好的去除效果，尤其在 pH 为 2 和 3 时，反应 60min 后，体系中亚甲基蓝的剩余率分别为 0.1087% 和 0.0544%。当溶液的 pH 为 3～8 时，反应

60min 后，体系中亚甲基蓝的剩余率为 0.0544%～3.5123%。在酸性和中性的条件下，反应终点时刻亚甲基蓝的去除率受 pH 的影响不大，但 pH 对反应的速率有较大影响。对反应初始阶段 FeFe-LDH/H$_2$O$_2$ 体系中亚甲基蓝的降解进行动力学拟合，发现反应符合准二级反应动力学方程，反应速率常数见表 6-1。可见，pH 对反应速率有较大的影响，pH 为 3 时，亚甲基蓝有最快的去除速率，反应速率常数为 6.185min^{-1}，且反应速率随 pH 的升高或降低而降低。

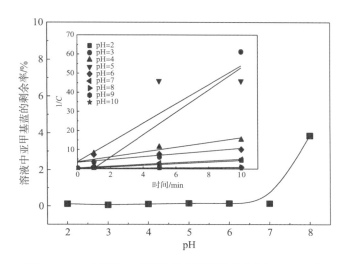

图 6-6　pH 对体系中亚甲基蓝去除的影响（反应 60min 后）

表 6-1　不同 pH 时亚甲基蓝降解的反应速率常数（反应初始 10min）

pH	2	3	4	5	6	7	8	9	10
k_a/min^{-1}	0.430	6.185	5.243	4.550	0.750	0.461	0.070	0.057	0.035

FeFe-LDH 作为非均相类 Fenton 反应的催化剂，随着反应的进行，可能会出现亚铁离子和总铁离子的溶出，而这些活性组分的溶出会对催化剂的性能产生一定影响。本节考察了溶液的 pH 对 FeFe-LDH 中亚铁离子和总铁离子溶出的影响。随着反应的进行，溶液中亚铁离子的浓度和总铁离子的浓度达到一个峰值（即最高值），随着反应的继续进行，FeFe-LDH 又将溶出的亚铁离子和总铁离子吸附回去，使得溶液中亚铁离子和总铁离子的浓度降低。不同 pH 时，反应过程中亚铁离子和总铁离子溶出的峰值及反应终点时刻体系中亚铁离子和总铁离子的浓度如图 6-7 所示。溶出的亚铁离子和总铁离子的浓度峰值及反应终点时刻的浓度均随着 pH 的增加呈逐渐降低的趋势。分析其原因是：随着溶液 pH 的升高，溶液中 H$^+$ 的浓度逐渐降低，OH 的浓度逐渐升高，与溶液中的亚铁离子和总铁离子发生反应，生成沉淀，使溶液中亚铁离子和总铁离子的浓度降低；在酸性条件下，FeFe-LDH/H$_2$O$_2$ 反应有较快的反应速率，促进了亚铁离子和总铁离子的溶解，使其有较高的峰值。但 FeFe-LDH 具有一定的吸附能力，随着反应的进行，溶出的亚铁离子和总铁离子又逐渐被吸附回去，在反应终点时刻，溶液中的亚铁离子和总铁离子的浓度较低。由此

可见，FeFe-LDH 不仅具有较好的催化能力，且适用的 pH 范围广，在酸性和中性条件下均能催化非均相类 Fenton 反应，有效去除水体中的亚甲基蓝。反应过程中，亚铁离子和总铁离子均有溶出，但是在反应的终点时刻，溶出的亚铁离子和总铁离子绝大部分被吸附回去，可见，FeFe-LDH 在其催化的非均相 Fenton 体系中有较好的稳定性。

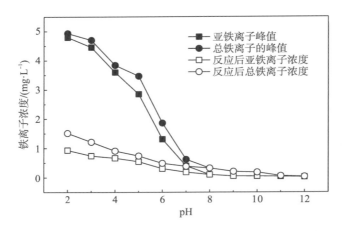

图 6-7　pH 对亚铁离子和总铁离子溶出的影响

催化体系中，催化剂的量增加，则参与反应的活性组分增加。催化剂与反应介质的接触增多，促进体系中 H_2O_2 的分解和·OH 的产生。因此，人们通常采用增加 Fenton 反应中催化剂的用量以提高反应的速率和体系的效能。本节在 pH＝4、H_2O_2 浓度为 $0.01mmol·L^{-1}$、反应温度为 25℃时，考察了催化剂用量($0.1\sim1.0g·L^{-1}$)对 FeFe-LDH/H_2O_2 体系效能的影响，结果如图 6-8 所示。

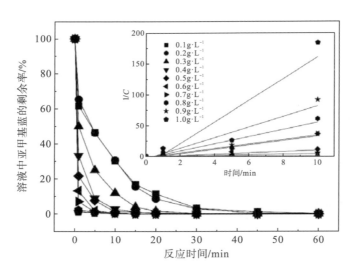

图 6-8　催化剂的用量对亚甲基蓝降解的影响

由图 6-8 可见，催化剂的用量为 0.1～1.0g·L^{-1} 时，反应终点时刻，体系中的亚甲基蓝几乎均可完全去除。对反应的前 10min 体系中亚甲基蓝的去除情况进行动力学拟合，结果表明，FeFe-LDH/H$_2$O$_2$ 体系中亚甲基蓝的去除符合准二级动力学反应模型。不同催化剂用量时，亚甲基蓝去除的反应速率常数见表 6-2。随着 FeFe-LDH 的用量从 0.1g·L^{-1} 增加到 1.0g·L^{-1}，亚甲基蓝的反应速率常数从 0.028min^{-1} 增加到 17.586min^{-1}。由此可见，催化剂用量的增加对体系中亚甲基蓝的去除速率有促进作用。

表 6-2　不同催化剂用量时亚甲基蓝降解的反应速率常数

催化剂用量/(g·L^{-1})	k_a/min^{-1}
0.1	0.028
0.2	0.029
0.3	0.094
0.4	0.478
0.5	1.103
0.6	3.623
0.7	3.660
0.8	5.848
0.9	8.635
1.0	17.586

6.1.3　催化剂的稳定性

除催化剂的催化性能外，催化剂的稳定性也是判定催化剂好坏的重要指标。前人研究表明，催化剂的重复使用情况并不是判定其稳定性的标准，尤其是在催化剂使用过量的情况下（Herney-Ramirez et al.，2008，2010）。催化剂与反应介质的接触率是影响其催化效率的重要因素之一，因此，在催化剂过量的情况下，即使催化剂的催化效率较差，但基于催化剂与反应介质有较大的接触率，催化剂在重复使用过程中仍可发挥较好的作用，实现催化剂的重复利用（Banić et al.，2011）。对于非均相反应中的固体催化剂，在反应过程中没有金属活性组分的溶出是判定其稳定性的重要特性之一。在 FeFe-LDH 催化的非均相 Fenton 体系中，随着反应的进行，催化剂上的铁部分溶出，进入溶液中。反应过程中，亚甲基蓝的降解、H$_2$O$_2$ 的分解和铁的溶出情况如图 6-9 所示。

随着反应的进行，体系中溶解态的铁呈现出先升后降的趋势，这和 Feng 等（2004a，2004b）研究的载铁黏土催化的非均相 Fenton 体系中铁离子溶出的变化趋势是一致的。溶出的亚铁离子和总铁离子的浓度随着反应的进行逐渐增加，并在反应 15min 时达到最大值（亚铁离子为 4.459mg·L^{-1}，总铁离子为 4.701mg·L^{-1}），此时，亚甲基蓝的去除率也达到100%。可见，溶出的铁主要是以亚铁离子的形式存在于溶液中。

由此分析可知，FeFe-LDH 上铁的溶出是由催化剂表面亚甲基蓝的氧化引起的。亚甲基蓝完全去除时，溶液中亚铁离子和总铁离子的浓度到达最大值。随后，溶液中亚铁离子和总铁离子的浓度逐渐降低，这是由于溶液中的 H$_2$O$_2$ 和·OH 氧化溶液中的亚铁离子生成了三价铁离子，氢氧化亚铁的 pK_{sp} 为 15.1，而氢氧化铁的 pK_{sp} 是 37.4，因此，三价

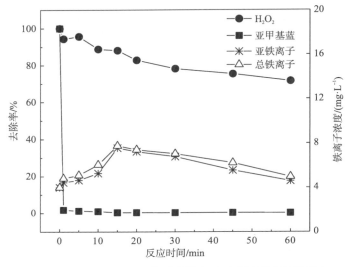

图 6-9　FeFe-LDH/H$_2$O$_2$ 体系的效率及反应过程中铁的溶出

铁离子更容易沉淀析出，生成氢氧化铁。在本节的研究中，即便在溶液中亚铁离子和总铁离子的浓度分别达到 4.459mg·L^{-1} 和 4.701mg·L^{-1} 的最大值时，溶出的总铁离子的量也仅占投加的 FeFe-LDH 总量的 0.78%。反应完成时，溶出的亚铁离子和三价铁离子绝大多数从液相中析出，降低了铁的溶出对水体造成的二次污染。由此可见，FeFe-LDH 有较好的催化特性，而且有较好的稳定性。

6.2　FeFe-LDH/H$_2$O$_2$ 体系降解亚甲基蓝的机制

6.2.1　反应过程中溶液 pH 的变化

在亚甲基蓝降解过程中对溶液的 pH 变化进行监测，并以此作为亚甲基蓝降解的指示，溶液 pH 的变化如图 6-10 所示。

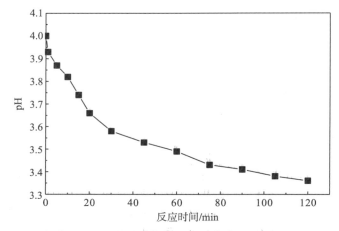

图 6-10　亚甲基蓝降解过程中溶液 pH 的变化

参 考 文 献

刘媛, 2005. 层状双金属氢氧化物的合成与应用[J]. 化工时刊, 19(12): 59-62.

Banić N, Abramović B, Krstić J, et al., 2011. Photodegradation of thiacloprid using Fe/TiO$_2$ as a heterogeneous photo-Fenton catalyst[J]. Applied Catalysis B: Environmental, 107(3-4): 363-371.

Drissi H, Refait P, Génin J M R, 1994. The oxidation of Fe(OH)$_2$ in the presence of carbonate ions: structure of carbonate green rust one[J]. Hyperfine Interactions, 90(1): 395-400.

Feng J Y, Hu X J, Yue P L, 2004a. Novel bentonite clay-based Fe-nanocomposite as a heterogeneous catalyst for photo-Fenton discoloration and mineralization of Orange II[J]. Environmental Science & Technology, 38(1): 269-275.

Feng J Y, Hu X J, Yue P L, 2004b. Discoloration and mineralization of Orange II using different heterogeneous catalysts containing Fe: a comparative study[J]. Environmental Science & Technology, 38(21): 5773-5778.

Hansen H C B, Koch C B, 1998. Reduction of nitrate to ammonium by sulphate green rust: activation energy and reaction mechanism[J]. Clay Minerals, 33 (1): 87-101.

Hansen H C B, Borggaard O K, Sørensen J, 1994. Evaluation of the free energy of formation of Fe(II)-Fe(III) hydroxide-sulphate (green rust) and its reduction of nitrite[J]. Geochimica et Cosmochimica Acta, 58(12): 2599-2608.

herney-ramirez J, Lampinen M, Vicente M A, et al., 2008. Experimental design to optimize the oxidation of Orange II dye solution using a clay-based Fenton-like catalyst[J]. Industrial & Engineering Chemistry Research, 47(2): 284-294.

Herney-Ramirez J, Vicente M A, Madeira L M, 2010. Heterogeneous photo-Fenton oxidation with pillared clay-based catalysts for wastewater treatment: a review[J]. Applied Catalysis B: Environmental, 98(1-2): 10-26.

Li F, Duan X, 2006. Applications of layered double hydroxides[J]. Cheminform, 37(24): 193-223.

Wang Q, Tian S L, Cun J, et al., 2013. Degradation of Methylene Blue using a heterogeneous Fenton process catalyzed by ferrocene[J]. Desalination and Water Treatment, 51(28-30): 5821-5830.

Zepp R G, Faust B C, Hoigne J, 1992. Hydroxyl radical formation in aqueous reactions (pH 3-8) of iron(II) with hydrogen peroxide: the photo-Fenton reaction[J]. Environmental Science & Technology, 26(2): 313-319.

Zhang J, Zhang F Z, Ren L L, et al., 2004. Synthesis of layered double hydroxide anionic clays intercalated by carboxylate anions[J]. Materials Chemistry and Physics, 85(1): 207-214.